»Was wir brauchen, sind ein paar verrückte Leute;
seht euch an, wohin uns die Normalen gebracht haben.«

(George Bernard Shaw)

Impulskontrolle

Wie Hunde sich beherrschen lernen

Ein Arbeitsbuch
von Ariane Ullrich

MenschHund!
Verlag

Bibliografische Information der Deutschen Bibliothek:
Die Deutsche Bibliothek verzeichnet diese Publikation in der
Deutschen Nationalbibliografie; detaillierte bibliografische Daten sind im
Internet über http://dnb.ddb.de abrufbar.

© MenschHund! Verlag, Erstauflage 2011
An den Wulzen 1
D–15806 Zossen
www.mensch-hund-lernen.de

Alle Rechte vorbehalten
Herstellung: Ariane Ullrich
Gestaltung/Layout: Robert Hell, www.roberthell.de
Druck: www.alfaprint.eu
Zeichnungen: Heinz Grundel, www.heinz-grundel.de

3. Auflage, August 2017

Inhaltsverzeichnis

Vorwort

Impulskontrolle ist das Schlagwort der letzten Jahre in der Hundeszene. Jeder zweite Hund hat eine Impulskontrollstörung – entweder vom Halter oder von einem Fachmann diagnostiziert. Die Ähnlichkeit zur Ausbreitung der Schilddrüsenerkrankung (ob tatsächlich oder eingebildet) ist frappierend. Vor allem beruht dies auf dem Bedürfnis des Menschen, Dinge zu benennen, um sie heilen zu können. Hat man einen Namen für das, was der Hund an komischem Verhalten an den Tag legt, ist man dem Ziel schon ein ganzes Stück näher. Und das ist auch gut so!

Je mehr Studien an Tieren gemacht werden, je mehr die Wissenschaft sich mit unseren Haushunden beschäftigt, desto mehr erkennen wir, wie viel es noch zu forschen gibt, was alles anders laufen kann. Vor allem aber sehen wir, wie unterschiedlich Lebewesen sind. Und dass es vielleicht eine Normspanne gibt - aber keinen Punkt, ab dem man sagen kann, dass dieses Lebewesen »unnormal« wäre. Das entscheidende Kriterium ist und bleibt der Leidensdruck des Besitzers. Und der hängt nicht von der Spannbreite der Normalitäten ab, sondern von seiner Lebensweise und seinen Ansichten.

Nicht jeder Hund lässt sich in jedes Leben hineinpressen, und so kann für den einen Menschen der Hund behandlungswürdig sein, während er für den anderen völlig unproblematisch ist.

Lassen Sie sich also weder Probleme einreden noch denken Sie darüber nach, ob Ihr Hund anders ist. Nur wenn Sie selbst und Ihr Hund mit dem gemeinsamen Leben nicht zurechtkommen, dann ist Handlungsbedarf.

Das Ziel dieses Buches ist es vor allem, Verständnis für das Verhalten des Hundes zu entwickeln, um damit umgehen zu können. In vielen Fällen kann eine Verhaltenstherapie mit den richtigen Ansätzen sehr erfolgreich sein und das Problem lösen. In anderen Fällen können Ratschläge helfen, den Alltag zu erleichtern. Manchmal bedarf es eines Zusammenspiels von Medikamenten und Verhaltenstherapie. Und in einigen Fällen hilft nichts von alledem.

Das Buch soll Lebenshilfe bieten für Besitzer, die mit den hier vorgestellten Verhaltensweisen ihres Hundes nicht zurechtkommen. Oder die sehen, dass ihr Hund damit nicht zurechtkommt. Es handelt sich nicht um eine wissenschaftliche Abhandlung, sondern um eine praktische Anleitung.

Wissenschaftlich betrachtet ist das Thema Impulskontrollstörung ein so großes Gebiet und von so vielen Faktoren abhängig, dass es als Name für ein Problem eigentlich viel zu allumfassend ist.

Ich hoffe dennoch, dass sich einige Aha-Effekte beim Lesen ergeben, dass etliche meiner Vorschläge umgesetzt werden können - und dass das Buch dem Einen oder Anderen ein wichtiger Begleiter im Leben mit dem Hund werden wird.

Und wenn nur ein einziger Hundehalter nach dem Lesen dieses Buches mit seinem Hund besser zurechtkommt, dann ist die Arbeit erfolgreich gewesen.

Ariane Ullrich

TEIL A

Theoretische Grundlagen

Was ist Impulskontrolle?

»*Das Festhalten und Befolgen der Grundsätze, den ihnen entgegenwirkenden Motiven zum Trotz, ist Selbstbeherrschung.*«

(*Arthur Schopenhauer*)

1. Was ist Impulskontrolle?

 Was ist eigentlich Impulskontrolle? Und was ist, daraus resultierend, eine Störung derselben? Ist Waldi, der einem Reh hinterherjagt, impulskontrollgestört? Geht es um Maja, die jeden anderen Hund ohne Vorwarnung beißt? Oder ist Sam gemeint, der seinen eigenen Schatten zu fangen versucht?

Jeder meint letztendlich etwas anderes, wenn er Begriffe wie Impulskontrolle, impulsiv, Impulskontrollstörung etc. nutzt. Meist beruhen die eigenen Definitionen auf selbst beobachtetem Verhalten beim eigenen Hund. Ein Hund, der nicht sitzen bleibt, wenn der Ball fliegt, hat ein Problem mit der Impulskontrolle. Das wird geübt, und dann hat er dieses Problem nicht mehr. Es scheint also aufgabenabhängig, situationsabhängig zu sein. Andere Hunde reagieren heftig und oft aggressiv auf die Sichtung von Hunden oder Menschen. Auch sie werden schnell mit dem Wort impulskontrollgestört abgestempelt. Welche Rolle spielt die Aggression hier?

Wieder andere Hunde zeigen kein für den Menschen deutlich problematisches Aggressionsproblem, sind aber insgesamt extrem unruhig, schlafen kaum, reagieren beim kleinsten Geräusch und scheinen hyperaktiv zu sein. Ist es persönlichkeitsabhängig? Und dann gibt es Hunde, die jagen ihren eigenen Schatten, hören nicht von allein auf zu rennen oder buddeln, bis die Pfoten blutig sind. Hat das etwas mit Impulskontrolle zu tun?

In den gebräuchlichen Klassifikationssystemen ICD-10 (Internationale statistische Klassifikation der Krankheiten und verwandter Gesundheitsprobleme) und DSM IV (Diagnostic and Statistical Manual of Mental Disorders) kategorisiert man fehlende Impulskontrolle als einen Nebenaspekt mehr oder weniger klar definierter psychischer Erkrankungen (DSM) bzw. unter »emotional instabile Persönlichkeitsstörung«.

Diese ist definiert durch die »Tendenz, Impulse ohne Berücksichtigung von Konsequenzen auszuagieren«, eine »launenhafte Stimmung«, die »Neigung zu emotionalen Ausbrüchen« und der »Unfähigkeit, impulshaftes Verhalten zu kontrollieren«.

Es werden zwei Erscheinungsformen unterschieden:

- 1. der impulsive Typus:
  vorwiegend gekennzeichnet durch emotionale Instabilität
  und mangelnde Impulskontrolle

- 2. der Borderline-Typus:
  zusätzlich gekennzeichnet durch Neigung zu destruktivem
  und selbstzerstörerischem Verhalten. (ICD-10)

Krankheiten, zu denen Impulskontrollstörungen gehören sind beim Menschen beispielsweise das Borderline-Syndrom. Bei dieser Krankheit verletzt eine Person sich wiederholt selbst und empfindet dabei Erlösung von der sich zuvor aufgestauten Spannung. Im Gegensatz zu dem Verlauf einer normalen Verletzung, bei der sich der Erregungslevel während des Entstehens der Verletzung auf dem höchsten Niveau befindet, liegt der Erregungslevel bei Borderline-Patienten am höchsten vor der Verletzung und sinkt während des Zufügens der Verletzung. Auslöser für diese Selbstverstümmelungen sind innere und/oder äußere Stressfaktoren, die der Patient nicht anders zu bewältigen weiß.

Auch die antisoziale Persönlichkeitsstörung beinhaltet Impulskontrollstörungen. Ebenso ist das Aufmerksamkeits-Defizit-Syndrom mit Hyperaktivität (ADHS) eine typische Krankheitserscheinung, die eine Impulskontrollstörung beinhaltet. Den Patienten, nicht nur Kindern, mangelt es an der Fähigkeit, sich zu konzentrieren, Reize sinnvoll zu sortieren und zu verarbeiten und impulsive Handlungsantriebe sinnvoll zu hemmen. Die Personen reagieren übertrieben heftig, was zu unsozialem Verhalten führen kann.

Die Diagnosestellungen dieser Krankheiten sind beim Menschen nicht einfach. Gerade das Krankheitsbild des ADHS wird viel diskutiert, oftmals voreilig diagnostiziert und ist längst nicht zufriedenstellend erforscht.

Alle weiteren Impulskontrollstörungen werden in beiden Werken unter »abnorme Gewohnheiten und Störungen der Impulskontrolle« zusammengefasst, die gekennzeichnet sind durch »wiederholte (meist schädigende) Handlungen ohne vernünftige Motivation«. Hierunter fallen alle weiteren Arten »sich wiederholenden unangepassten Verhaltens, die nicht Folge eines psychiatrischen Syndroms sind«. (ICD-10)

Die DSM definiert die Merkmale dieser Impulskontrollstörungen durch:

» a) das Versagen, einem Impuls, einem Trieb oder einer
Versuchung zu widerstehen und/oder eine Handlung
auszuführen, die schädlich für die Person selbst oder für andere ist,

b) das ansteigende Gefühl von Spannung oder
Erregung vor Durchführung der Handlung,

c) das Erleben von Vergnügen, Befriedigung oder
Entspannung während der Durchführung der Handlung,

d) das Auftreten (oder auch Nichtauftreten) von Reue,
Selbstvorwürfen, Schuldgefühlen nach der Handlung.«

Die Kategorisierung von Impulskontrollstörung wird in der Psychiatrie kritisch beurteilt, da das Symptom der Impulskontrollstörungen bei einer Vielzahl von Verhaltensauffälligkeiten auftritt, die nicht zwangsläufig miteinander zusammenhängen. Noch schwieriger wird der Umstand, dass impulshaftes Verhalten auch beim gesunden Menschen auftritt. Es existiert kein übergeordnetes Krankheitsmodell, welches alle Spektren logisch zusammenfassen kann. Letztendlich können ernste Krankheitsbilder nur anhand weiterer symptomatischer Störungen einer klassifizierten Störung zugeordnet werden.

Wenn das schon beim Menschen umstritten und schwer exakt zu bestimmen ist, ist es beim Hund schier aussichtslos. Entsprechend ist eine klare Diagnose beim Fehlen weiterer deutlich definierter Symptome fast unmöglich. Wenn von einer Impulskontrollstörung bei Hunden die Rede ist, meint man in der Regel Verhaltensweisen, die »normal« nicht vorkommen (Beispiel: Schatten fixieren) und/oder die exzessiv gezeigt werden, also übertrieben stark (Bellen, aggressives Verhalten, verschiedenste Reaktionen auf Reize). Jedoch gibt es gerade bei

Hunden keine klare Abgrenzung zwischen krankhaft und gesund bzw. zwischen impulsiv und impulskontrollgestört.

Welche Probleme sich daraus und aus der resultierenden Behandlung ergeben, werden wir erst in den nächsten Jahren oder Jahrzehnten sehen. Zudem ist eine Übertragung menschlicher Krankheitsbilder auf den Hund nicht anzuraten. Die Diagnose bei psychischen Erkrankungen wird meist mit Hilfe von Fragebögen und Hirnstoffwechselmessungen erstellt. Messungen sind beim Hund sehr zeit- und kostenintensiv (wenn überhaupt machbar), will man aussagekräftige Werte erhalten. Da der Hund in seinem Phänotyp (körperliches Erscheinen) noch unterschiedlicher ist als der Mensch, ist die Schaffung von Normwerten für Hirnstoffwechselprodukte zur Zeit eher nicht möglich. Ohne Normwerte kann man aber auch keine anormalen Werte feststellen und dadurch natürlich ebenfalls keine Trennung zwischen krankhaft und/oder falsch erzogen vornehmen. Zweitens ist die Gefühlswelt des Hundes nicht in der Form nachvollziehbar in der sie es beim Menschen ist. Menschen mit den genannten Störungen können zu ihren Empfindungen befragt werden.

Da wir ebenfalls Menschen sind, können wir diese Empfindungen nachvollziehen. Es können jedoch nicht die menschlichen Empfindungen auf den Hund projiziert werden, denn er ist ein Lebewesen, das sich von uns unterscheidet. Für Untersuchungen wird dieses Dilemma aufgehoben durch die Interpretation von Verhaltensweisen und Definitionen derselben. Insgesamt gibt es jedoch zu viele mögliche Fehler, die einen Vergleich mit menschlichen psychiatrischen Erkrankungen unmöglich machen.

Aus diesem Grund wird sich dieses Buch tatsächlich nur mit dem Verhalten befassen, das aus der Impulsivität resultiert. Woher diese Impulsivität kommen könnte, wird angesprochen. Es darf jedoch nicht in eine Schublade menschlicher Diagnostik gepresst werden. Ob ein Hund tatsächlich ADHS hat oder das Borderline-Syndrom, wird daher offen bleiben. Vielleicht kommt die Zeit, da dies messbar ist. Heutzutage, wo die Diskussion um ADHS bei Kindern hochkocht und es keinerlei definitive Aussagen zur Gehirnchemie dieser Krankheit gibt, sondern nur Theorien, wäre es ein Anheizen der falschen Richtung, nun auch unsere Haustiere in dieses Schema zu pressen.

Um es für uns als Hundehalter und (meist) Laien in psychiatrischen Dingen verständlich zu gestalten, wird sich dieses Buch daher nur marginal an die Definitionen aus der menschlichen Psychiatrie halten und eine eigene Definition nutzen, die für den Alltagsgebrauch in der Hundeszene sinnvoll scheint.

Damit wird »impulsiv« definiert als »voreiliges, unüberlegtes, meist riskantes Verhalten, welches zu Schädigungen anderer oder sich selbst führen kann.«

Der Impuls ist in der Physik das Ergebnis von Masse mal Geschwindigkeit. Je heftiger und je schneller desto impulsiver, könnte man also sagen. Gleichzeitig kommt der Begriff Impuls vom lateinischen »pulsare«, was soviel bedeutet wie »antreiben« oder »getrieben« werden. Dies zeigt einen weiteren Aspekt auf, nämlich das scheinbar Unkontrollierbare des Verhaltens. Ein augenscheinlich unbezähmbarer Impuls, der nicht vom Hund selbst lenkbar scheint. Die letztendliche Handlung wird moduliert durch die Stärke des Antriebs und der Kontrollfähigkeit dieses Impulses. Ist die Kontrollfähigkeit herabgesetzt, ist die folgende Handlung umso impulsiver, heftiger, riskanter.

Beispiel: Der Hund rennt dem Ball hinterher, der Hund springt bei der Begrüßung vor Freude hoch, der Hund folgt den Reizen, die ihn umgeben, ohne auf seinen Besitzer zu achten.

Die Impulskontrolle wiederum erfolgt zum einen durch das Abgleichen der Erfahrungen, die das Lebewesen in ähnlichen Situationen schon gemacht hat (dazu gehört auch das, was der Mensch ihm bisher beigebracht hat), zum anderen durch die zugrunde liegenden Emotionen und die zugrunde liegenden neurologischen Hemmsysteme, die später im Buch beschrieben werden.

Impulskontrolle ist also das Zurückhalten (Hemmen), die abgeschwächte Reaktion eines Verhaltens auf einen plötzlich auftretenden Reiz in Verbindung mit der Fähigkeit, Frust auszuhalten.

Beispiel: Ein Hund, der gelernt hat, dass er von der Leine gestoppt wird, hält sich zurück, wenn ein Ball fliegt. Oder: Er setzt sich zur Begrüßung hin und wartet auf die Beachtung durch den Menschen, statt impulsiv hochzuspringen und seinen Emotionen nachzugeben.

Eine Impulskontrollstörung tritt infolgedessen dann auf, wenn der Hund ungehemmtes, also stark impulsives, der Situation nicht angepasstes Verhalten zeigt, welches auch durch gutes Training nicht langfristig veränderbar ist. Der Hund kann sich sichtbar nicht selbst kontrollieren. Dieses impulskontrollgestörte Verhalten kann ab und an situativ auftreten oder auch ein generelles Verhaltensmerkmal dieses Hundes sein. Der Hund kann falsch oder gar nicht erzogen sein oder ein ernstes tieferliegendes Problem haben.

Wassertropfen fangen bzw. in Wasser beißen, ohne
aufhören zu können zeigt deutlich fehlende Impulskontrolle.

1.1 Wozu braucht man Impulskontrolle?

Es scheint also recht eindeutig, dass Impulskontrolle auch etwas mit guter Erziehung zu tun haben kann. Damit Waldi eben nicht hochspringt, Susi die Radfahrer fahren lässt und Sam sitzenbleiben kann, wenn Frauchen den Ball wirft. Die Fähigkeit, sich zu kontrollieren, hat aber noch viel gravierendere Auswirkungen. Das sehen wir schon bei uns Menschen: Selbstkontrolle bestimmt letztendlich unseren gesamten Umgang und unsere Anpassungsfähigkeit an unsere Umwelt.

Das eigene Verhalten hat Folgen. Können wir diese absehen und beeinflussen, beeinflussen wir die Zukunft. Dasselbe gilt für den Hund. Er muss die Folgen seines Tuns einschätzen können, um über eigenen Erfolg oder Misserfolg entscheiden zu können. Es bedeutet entsprechend, ein Maß an Selbständigkeit zu besitzen und Konsequenzen nicht einfach auf sich zukommen zu lassen, sondern selbst zu beeinflussen. Dasselbe gilt, wenn Lebewesen Ziele verfolgen. Jedes Lebewesen lebt gewöhnlich zielgerichtet und handelt danach. Ziele können jedoch nur erreicht werden, wenn die Handlungen an dieses Ziel angepasst werden. Die Entwicklung von Zielen und daraufhin die Planung von Handlung bzw. Verhalten gehört also auch zu den Pfeilern der Selbstbeherrschung oder Impulskontrolle.

Mit am wichtigsten scheint in der Gesellschaft jedoch die soziale und emotionale Intelligenz für die Impulskontrolle unabdingbar ist. Damit ist gemeint, wie gut man sich selbst kontrollieren kann, um in seiner Umwelt und mit den Mitlebewesen zu bestehen. Als soziales Lebewesen hat man die besten Vorteile in der Gruppe, wenn man sich anpasst und mit Strategien seinen Weg sucht. Sofort heftig auf Angriffe zu reagieren, kann dem entgegenstehen. Ein Hund, der jeden gleich beißt, der ihn schief anschaut, hat keinen guten Stand in der Gruppe und wird durch den eigenen Stress früher oder später Probleme bekommen. Ob durch Krankheit oder seinen Menschen sei dahingestellt.

Die emotionale Intelligenz beschreibt die Fähigkeit, mit seinen Emotionen umgehen zu können und sich nicht völlig von ihnen leiten zu lassen. Die soziale Intelligenz beschreibt die Fähigkeit, in einer Gruppe zu harmonieren und das Beste für sich herauszuholen.

Exkurs: Das Belohnungsaufschubsparadigma

Schon Psychologiestudenten lernen in den ersten Semestern die so genannte Marshmallowstudie kennen. In den sechziger Jahren führte Prof. Walter Mischel diese Studie in einer Vorschule des Stanford Campus durch. Er legte vierjährigen Kindern einen Marshmallow vor und sagte ihnen, sie dürfen diesen entweder jetzt nehmen, oder sie warten einige Minuten und bekommen später einen zweiten dazu. Die Kinder wurden bei ihrer Wahl gefilmt, wie sie mit eigenen Ablenkungsmanövern wie Augen zuhalten, umdrehen etc. versuchten, die Zeit zu überbrücken, um später mehr zu bekommen. 14 Jahre später wurden diese Kinder in ihrem sozialen und beruflichen Umfeld beobachtet. Man fand heraus, dass diejenigen Kinder, die sich schon in frühen Jahren beherrschen konnten, selbstbestimmter waren, besser in ihr soziales Umfeld integriert und auch beruflich erfolgreicher waren. Soziale Lebewesen müssen sich anpassen, um in ihrer Gesellschaft zu bestehen. Dazu gehört an erster Stelle, sich beherrschen und kontrollieren zu können, Frust und Stress auszuhalten und Kompromisse einzugehen. Das gilt für uns Menschen, aber auch für unsere Hunde, die einem noch viel stärkeren Anpassungsdruck ausgesetzt sind.

Der Spatz in der Hand ist besser als die Taube auf dem Dach (Sprichwort)

Im Hundealltag bedarf es der Impulskontrolle, um das Reh stehenzulassen und nicht beim Jagen erschossen zu werden. Als Hund muss man warten können, bis der Mensch mit der Futterzubereitung fertig ist oder sich zu Ende unterhalten hat mit Frau Maier aus Hausnummer 21. Man muss Drohungen anderer Hunde erkennen und richtig darauf reagieren können, und man muss ruhig und vorsichtig über Fliesen laufen, statt loszustürzen.

Menschen werden mit allen Vieren am Boden begrüßt, die Leine wird nicht zerbissen und man muss es schaffen, an lockerer Leine bis zum Hundeplatz zu gelangen. Ebenso dürfen weder Luftschiffe gejagt noch Briefträger gebissen werden. Autos dürfen schnell auf den Straßen fahren, aber man selbst darf nicht überall rennen. Schon gar nicht darf jeder Hund begrüßt werden und auch hündische Liebesbeweise sind nicht überall gefragt.

Schatten sind uninteressant, der eigene Schwanz kein Spielzeug und dem Ball darf man auch nur auf Signal hinterherrennen. Die mit uns lebenden Hühner, Mäuse, Katzen und sonstigen Tiere haben dieselben Rechte zu leben.

Als Hund hat der Begriff Impulskontrolle in einer menschendominierten Welt eine erkennbar sehr hohe Wertigkeit.

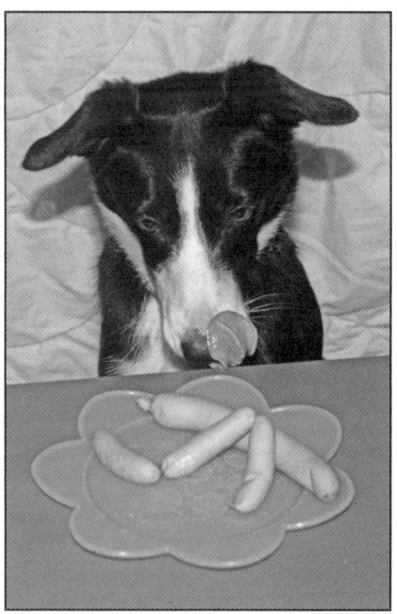

1.2 Ist mein Hund gestört?

Typisches Beispiel eines mittlerweile normalen Hundealltags:

Frauchen wird morgens um fünf Uhr von Maja freudestrahlend und sabbernd wachgeschleckt. Es ist schließlich hell draußen, die Vöglein zwitschern, der Tag hat begonnen. Katrin rekelt sich im Bett und überlegt, ob sie nicht noch ein Stündchen schlafen kann. Schließlich beginnt der Arbeitstag erst um 7 Uhr. Maja ist nicht der Meinung. Mit Schwung springt sie aufs Bett, um Katrin bei der Morgenwäsche zu helfen. Der Schwanz rotiert vor Freude im Kreis. Seufzend streichelt Katrin Maja und schwingt sich selbst aus dem Bett. Schließlich muss Maja auch die Möglichkeit haben, sich zu lösen. Sie schlüpft in die Pantoffeln, wirft sich schnell eine Ladung Wasser ins Gesicht. Maja steht derweil ungeduldig bellend neben ihr. Das Zähneputzen verschiebt Katrin auf später. Schnell anziehen – Maja steht schon mit der Leine da. Quietschend und kreischend hängt Maja dann in der Leine. Katrin ist einfach zu langsam! Die Tür geht auf und Katrin fällt fast von der Treppe, denn Maja weiß genau, wo es langgeht.

Die ersten hundert Meter zum Wald sind meist schrecklich. Aber dann kann Katrin die Leine lösen und Maja saust erst mal 500 Meter voraus, dreht wieder um und bellt voller Lebensfreude alles an, was ihr in den Weg gerät. Eichhörnchen, Vögel und Passanten flüchten.

Katrin weiß natürlich, dass Rücksicht wichtig ist. Schließlich hat sie schon ausreichend Ärger mit Nachbarn bekommen. Nur braucht Maja viel Bewegung. Also holt Katrin den Ball hervor, stellt sich an die an den Wald angrenzende Wiese und wirft den Ball für Maja, die stundenlang hin und her rennen kann, um ihn zu fangen und zu bringen. Heute hat Katrin Glück. Die Nachbarin kommt mit ihrer Hündin dazu. Maja stürzt über 300 Meter zu ihr hin, beide überkugeln sich und beginnen ein wildes Tobespiel. Zurückrufen ist jetzt völlig sinnlos, weiß Katrin, denn Majas Ohren sind zu und völlig auf das Spielen konzentriert.

Irgendwann mag die andere Hündin nicht mehr und beginnt, nach Maja zu schnappen. Typisch, diese kleine Zicke. Wenn Katrin jetzt nicht schnell eingreift, wird da gleich großes Theater draus, denn Maja kann schließlich nicht verstehen, dass die andere nun plötzlich nicht mehr will. Also rennt Katrin hinterher und versucht, Maja einzufangen. Dass Maja nicht hört, braucht Katrin sich nicht vorwerfen zu lassen. Sie geht mit Maja dreimal pro Woche zur Hundeschule, macht Agility, Obedience und Dogdancing. Maja ist eine der besten dort. Zwischendurch auf den Spaziergängen am Nachmittag wird viel geclickert und natürlich der Ball geworfen.

Mit der glücklichen Maja an der Leine geht Katrin nach Hause, bereitet Majas Futter und setzt sich zum Arbeiten an den Schreibtisch. Zwischendurch darf Maja ab und zu den Ball oder ein anderes Spielzeug bringen und es wird kurz gespielt. Nachmittags geht es dann in die Hundeschule.

Schon auf dem Weg dorthin beginnt Maja immer lauter zu quietschen. Sie weiß, wo es hingeht, und heute ist Agilitytag. Bellend steht sie am Rand. Sie kann es kaum abwarten, dass sie endlich dran ist. Katrin muss sie anleinen und etwas weiter weggehen, um die anderen nicht zu stören. Das hat sie schon etliche zerbissene Leinen gekostet. Als Maja dran ist, saust sie durch den Parcours und interessiert sich für nichts anderes. Am Ende erhält sie den Ball als Belohnung. Super Zeit für diesmal, das reicht locker für das nächste Turnier. Froh gehen beide nach Hause. Ein paar Suchspiele vor dem Zubettgehen, etliche Schlafplatzwechsel, dann kehrt endlich Ruhe ein …

Ist Maja krank? Oder nur unerzogen oder falsch erzogen? Hat überhaupt jemand ein Problem damit? So und ähnlich spielt es sich mittlerweile häufig bei Hundebesitzern und auf den Hundeplätzen ab. Der Hund bestimmt den Tagesablauf, setzt durch, was gemacht wird, und wird gefördert und gefordert, um seinem Bewegungsdrang Rechnung zu tragen. Der Hund lernt schnell, kann eine Menge und weiß, seinen Besitzer zu beeinflussen. Häufig wird er heiß geliebt, auch wenn mancher Besitzer ab und zu zugibt, dass er sich das Leben mit Hund nicht ganz so anstrengend vorgestellt hat. In Majas Fall ist noch nicht mal ein deutliches Problem sichtbar. Häufig gehören in die Tageserlebnisse noch Ereignisse wie das Anspringen oder Anbellen eines Menschen. Das Vertreiben anderer

Hunde, vielleicht sogar das Fletschen und Knurren an der Leine und, nicht zu vergessen, das Jagen von Radfahrern, Joggern, Vögeln und Eichhörnchen. Von Hasen und Rehen gar nicht zu reden. Nervende, bellende, störende Hunde sind an der Tagesordnung und überall anzutreffen. Aber es liegt nicht nur am Hund, dass er sich so benimmt. Es ist jedoch auch nicht zwangsläufig ausschließlich der Besitzer. Ein ganzes Konglomerat an Ursachen begründen die immer häufiger auftretenden Probleme.

Der Hund ist nicht absichtlich bösartig und nervig, er lernt, was er gelehrt wird und wozu er fähig ist zu lernen. Die richtige Erziehung und Ausbildung in der Hundeschule kann erst dann Wirkung zeigen, wenn die Psyche des Hundes vernünftig entwickelt ist. Wenn eine Basis vorhanden ist, auf der man aufbauen kann. Vor allem aber, wenn der tägliche Umgang zu Hause stimmt und somit Grundvoraussetzungen erfüllt sind. Häufig sind sich darüber jedoch sowohl Besitzer als auch Trainer nicht im Klaren. Ein Hund, der in der Hundeschule prima gehorcht, ist nicht gleichzeitig ein angenehmer Tagesbegleiter. Erziehungsnotstände werden immer noch vorwiegend Trainingsfehlern angelastet und wenn da nichts mehr geht, wird der Hund für krank erklärt und man versucht, ihn mit neuen Methoden und Medikamenten zu heilen.

Dass die soziale und psychische Reife des Hundes ebenfalls eine grundlegende Rolle bei seinem Verhalten spielt, die bei alldem Training komplett vergessen wird, wird oft nicht verstanden. Sie ist nicht greifbar.

Es wird diskutiert, ob der Hund auch mal ein »Nein!« hören darf und eine klare Ansage bekommen soll oder ob der Clicker eine sinnvolle Trainingsmethode ist. Aber die Frage, ob und wie der Hund versteht, was wir ihn lehren wollen, und ob er das auch umsetzen kann, die wird gern umschifft oder nicht für voll genommen.

Es geht hier nicht um eine Diskussion der Trainingsmethoden. Lernen funktioniert auf wissenschaftlich nachgewiesene Art und Weise. Welche man anwendet, entscheidet jeder selbst. Es geht vor allem um die Grundvoraussetzungen, damit Methoden des Trainings überhaupt greifen können. Und später im Buch natürlich auch um Hilfen, wenn der Hund schon im Brunnen liegt.

Exkurs: Erwartungen an den Hund

In der heutigen Zeit ist der Hund viel mehr als nur ein Hund. Er ist ein Partner und ein Kinderersatz. Er soll die karge Freizeit füllen und bedingungslose Freundschaft und Liebe mitbringen. Dafür bemüht man sich, ihm alles zu bieten, was er scheinbar benötigt. Pflichten und Regeln werden abgenommen, sie könnten den Hund einschränken und werden zur »traditionellen«, also auf Schmerz beruhenden Erziehung gezählt. Die Produkte rund um den Hund bestätigen und helfen dabei. Von der Sache ist der Hund rechtlich zum Lebewesen geworden, erziehungstechnisch wird auf seine Gefühle und Bedürfnisse in höchstem Maße eingegangen, und er hat eine Verantwortung zu tragen: dafür, dass wir uns gut fühlen, einen Freund haben, uns um jemanden kümmern können und für gleiches Recht für alle kämpfen können.

Aber was ist ein Hund? Ein Hund ist ein soziales Lebewesen, das natürlicherweise in einem Rudel, einem Verband, seiner Familie, lebt und sich dessen Grenzen, Rechte und Pflichten bewusst ist. Als erwachsenes Tier hat es eine Aufgabe zu erfüllen und sich ansonsten der Familie anzupassen. Es benötigt Regeln und ein Netz, um mit seiner Umwelt klarzukommen, muss sich anpassen, ist extrem anpassungsfähig und kann dennoch lernen, seine Gefühle und sein Verhalten selbständig zu kontrollieren. Hunde müssen dringend wieder als Hunde gesehen werden. Sie leben zwar in der menschlichen Gesellschaft, sind aber keine Menschen. Sie können zwar Partner sein, aber niemals gleichberechtigt. Sie dürfen zwar umhegt und umsorgt werden, müssen sich aber ebenfalls an Grenzen und Regeln halten. Und das vor allem deshalb, weil sie nur dann Freiheiten genießen können, wenn sie kontrollierbar sind. Ein Hund, der abrufbar ist, darf auch frei laufen. Ein Hund, der mit anderen verträglich ist, darf Hundekontakt haben. Ein schönes Leben bedeutet, auf die Bedürfnisse des jeweiligen Individuums einzugehen, statt die eigenen Bedürfnisse auf dieses zu übertragen. Dabei kann nur ein Grundwissen über das Tier Hund helfen, die vielen Theoriegerüste, die über den Hund gestülpt wurden und noch werden, zu durchschauen. Schon deshalb ist auch die Trainersuche eine sehr anspruchsvolle, aber wichtige Aufgabe, will man nicht alles selbst herausfinden müssen.

Um zu erkennen, ob der eigene Hund wirklich impulskontrollgestört ist oder ob man in die positive Erziehungsfalle getappt ist, was man tun kann und wie groß eine Erfolgswahrscheinlichkeit ist, habe ich für dieses Buch eine Typeinteilung vorgenommen. Sie hat keinen Anspruch auf Vollständigkeit sondern soll helfen, einen Überblick über die mir bekannten Hundetypen zu bekommen. Es gibt Hunde, die Merkmale von allen Typen zeigen, wie immer, wenn es um Verhalten geht. Und es wird Hunde geben, die in diese Kategorisierung hineinpassen, aber von ihren Haltern nicht als problematisch empfunden werden. Es ist letztendlich davon abhängig, ob der Mensch mit dem Verhalten des Hundes ein Problem hat oder nicht.

Beißen Sie sich nicht an diesen Kategorien fest, aber nutzen Sie sie als Grundlage für eigene Überlegungen.

Impulkontrollstörung Typ A

Hunde dieses Typs zeigen situationsabhängiges, impulsives Verhalten, das den Menschen stört. Sie springen Besucher oder die Besitzer an, sie ziehen an der Leine. Sie rasen entweder in freundlicher oder auch in aggressiver Absicht auf fremde Hunde oder Menschen zu. Sie spielen sehr heftig mit dem Besitzer und anderen Hunden. Während des Spiels fehlt evtl. eine gute Beißhemmung, was zu blauen Flecken oder Kratzspuren an den Armen und Beinen der Besitzer führen oder auch in Raufereien unter Hunden enden kann.

Hunde dieses Typs sind in der Regel gut erziehbar, wenn man über die zu Grunde liegende Motivation und die Lerngesetze Bescheid weiß. Zeigt der Hund sein Verhalten schon sehr lang, kann das Training jedoch auch sehr lang dauern bevor es erfolgreich ist und manchmal ist es nicht mehr vollständig kontrollierbar.

Typ A (Afra): Situativ unerzogen

Afra ist eine anderthalbjährige Mischlingshündin. Der 45 Zentimeter hohe Hund springt jeden Menschen an, der ihm entgegenkommt, und uriniert vor Freude bei jedem bekannten Gesicht. Afra läuft nur noch an der Schleppleine, vor allem auch deswegen, weil sie zu jedem Hund hinrast. Ohne Hemmungen stürzt sie sich auf einen Hund und bespielt ihn egal, ob diesem das gefällt oder nicht. Wie ein Kreisel saust sie herum und ist dann kaum mehr einzufangen. Zu Hause kann sie durchaus ruhig liegen und schlafen, spricht aber sofort auf jede Spielaufforderung mit heftigem Springen und Herumrennen an und fährt so schnell hoch, dass das Spiel für den Besitzer unangenehm wird. Afra kontrolliert außerdem die Katze des Hauses, die sich nicht frei bewegen darf, zumindest nicht dort, wo sich die Besitzer aufhalten. Afra ist immer sehr aufmerksam, wenn es um das Lernen neuer Dinge geht.

Kurzdiagnose Afra:

Afra hat viel zu viele Möglichkeiten, sich zu bewegen. Sie hat keine Grenze und findet deshalb nicht zur Ruhe. Sie hat zu oft Erfolg mit Kontaktversuchen und Spielaufforderung. Es geht ständig jemand auf sie ein und spielt mit ihr. Vor allem wird das Falsche gespielt. Statt des ständigen Ballspiels benötigt sie eine ihr entsprechende auslastende Beschäftigung. In der Erziehung fehlt oftmals die Konsequenz und die Leinenführigkeit ist nicht richtig trainiert. Afra muss nie ihren Kopf anstrengen. Sie reagiert impulsiv auf die entsprechenden Reize und erfährt von Besitzerseite keine entsprechende Hinderung oder Grenze. Eine normale, vernünftige Grunderziehung fehlt fast völlig.

Impulskontrollstörung Typ B

Hunde des Typ B werden von Außenstehenden häufig als typisch hyperaktiv bezeichnet. Sie verknüpfen schnell Dinge miteinander oder lernen extrem schwer. Häufig haben sie eine Störung wie Geräuschempfindlichkeit oder Angst vor bestimmten Situationen und Gegenständen oder Lebewesen, die tages- bzw. formabhängig unterschiedlich ausgeprägt sein kann. Sie sind schnell hoch erregt, was sich in Bellen oder Rennen äußern kann. Diese Hunde sind immer unter Anspannung, können sich nicht ruhig hinlegen sondern scannen die Umgebung oder zittern vor Aufregung. Sie lassen sich außerhalb der Wohnung nicht durch Massage oder Anfassen beruhigen.

Gerade bei diesen Hunden fällt auf, dass sie sich nur kurz konzentrieren können, leicht ablenkbar sind und schlecht »mitdenken«. Sie spulen Verhalten ab, in der Hoffnung, das richtige sei schon dabei. Je mehr Reize vorhanden sind, desto schwerer fällt es ihnen, bei einer Aufgabe zu bleiben.

Im Gegensatz zu anderen Hunden scheinen sie alle noch so kleinen Reize wahrzunehmen und darauf reagieren zu müssen. Auch im Haus laufen sie ständig herum, verfolgen ihre Besitzer und kommen nicht von allein zur Ruhe.

Zu den hervorstechendsten Eigenschaften dieser Hunde gehört eine geringe Frustrationstoleranz. Sie können nicht gut abwarten und neigen zu Frustaggression. Sie mögen es nicht, eingeengt zu sein, in ihrem Tun unterbrochen zu werden oder an der Leine zu stehen. Das äußert sich durch Bellen, in die Leine springen oder in die Leine (oder den Besitzer) beißen. Auch wird dieser Frust oftmals auf den Besitzer oder in der Nähe stehende Lebewesen (andere Hunde) übertragen, indem diese dann angebellt oder sogar gebissen werden.

Typ B (Bine): Schlechte Aufmerksamkeitsspanne, Frustintoleranz

 Bine ist eine dreijähriger Border Collie Hündin. Schon als Welpe hat sie kaum geschlafen und war immer mit dabei. Sie liebt alles Hundespielzeug, was sie finden kann, und trägt es gewissenhaft zusammen, um entweder allein damit zu spielen oder Menschen zum Spiel aufzufordern.

Am Zaun des häuslichen Gartens rennt sie täglich auf und ab, bellt dabei, wenn andere Hunde oder Menschen vorbeikommen und hört erst auf, wenn sie an der Leine weggezogen wird. Dabei kann es jedoch zu Aggression dem Besitzer gegenüber kommen. Auf dem Hundeplatz ist sie nur kurz ansprechbar und es ist schwer, schwierigere Dinge mit ihr zu trainieren. Meist starrt sie nach wenigen Minuten weg oder zeigt Aggressionsverhalten. Wird sie am Rennen oder Bellen gehindert, zeigt sie Frustverhalten, indem sie in die Leine beißt, kläfft und sich um sich selbst dreht. Öffnet man zum Spaziergehen die Autotür, rast Bine heraus und 500 Meter den Weg entlang, und das mehrmals vor und zurück, bevor man einigermaßen normal spazieren gehen kann.

Bine hat eine Leinenaggression entwickelt, die dazu führt, dass fremde Hunde und Menschen heftig angebellt und auch gebissen werden, wenn sie zu nahe kommen. Außerdem jagt sie alles, was sich bewegt. Bine kann weder zu Hause noch draußen ruhig längere Zeit stehen oder liegen bleiben und scheint ständig unter Anspannung zu stehen.

Kurzdiagnose Bine:

Wahrscheinlich spielt bei Bine eine genetische Veranlagung mit hinein. Außerdem muss Bine dringend medizinisch auf bekannte Erkrankungen wie Borreliose, Skelettprobleme, entzündliche Geschehnisse, Schilddrüse etc. untersucht werden. Hunde wie Bine haben oftmals traumatische Erlebnisse hinter sich. Zu viel Enge, zu viel Druck und zu viel Auswahlmöglichkeiten verschlimmern das Problem.

Impulskontrollstörung Typ C

Diese Hunde zeigen Verhaltensweisen, die als Stereotypien und/oder starkes Zwangsverhalten definiert sind. Je nach Ausprägung lassen sich diese Hunde noch unterteilen in Hunde, bei denen die Verhaltensäußerungen zu unterbrechen sind und Hunde, die auf versuchte Unterbrechungen nicht oder aggressiv reagieren. Sie können im Alltag unauffällig sein und nur auf bestimmte Auslösereize reagieren, sie können aber ebenso auffällig hyperaktiv bis extrem antriebslos sein.

Diese Hunde können depressiv sein, was sich durch blickloses Starren, Verweigerung der Nahrungsaufnahme und generellem Rückzug äußern kann.

Typ C (Cassie): Zwangsverhalten, Stereotypien

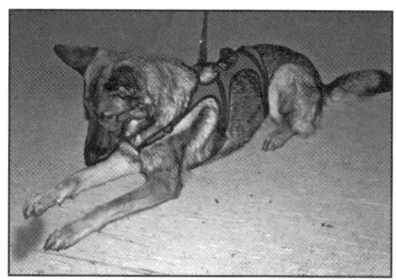

Die vierjährige Schäferhündin Cassie hat nie aufgehört zu nuckeln. Nach der Trennung von der Mutter hat sie begonnen, an einem Teddybären zu saugen. Das tut Cassie in vielen Situationen, egal was um sie herum passiert. Sie verliert sich dann in sich selbst und ist kaum ansprechbar.

Draußen reagiert sie auf kleinste Reize mit Hinspringen. Sie jagt Schatten, vor allem solche, die von menschlichen Körpern stammen. Cassie weiß nach einem Mal ganz genau, wer diesen Schatten verursacht hat, und achtet von da an ständig auf ihn und neu durch ihn entstehende Schatten. Cassie ist außerdem ballverrückt und kann ihren Ball stundenlang herumtragen und Menschen vor die Füße werfen, damit er gerollt wird. Zu Hause ist sie durchaus ruhig und kann vom Schattenjagen mittels eines Signals abgehalten werden. Sie fängt jedoch jedes Mal erneut damit an, wenn Schatten zu sehen sind.

Kurzdiagnose Cassie:

Cassie Verhalten resultiert höchstwahrscheinlich aus Fehlverschaltungen im Nervensystem, die schon in frühester Jugend oder sogar vorgeburtlich ausgelöst wurden. Meist findet man diese Verhaltensweisen bei Hunden, die unter beengten deprivierten Verhältnissen gehalten wurden und zu früh von der Mutter weggenommen wurden. Außerdem gibt es häufig Rassedispositionen, die durch einzelne Auslösereize aktiviert werden.

Alle diese drei Typen sind nicht immer so klar voneinander trennbar. Es gibt Zwischentypen oder Hunde, die die beschriebenen Auffälligkeiten in milder Form zeigen, ohne überdreht zu sein. Vor allem aber gibt es keine Grenze, von der an bestimmbar ist, dass dieser Hund nur schlecht erzogen ist oder tatsächlich neuronale Probleme vorliegen. Denn immer gehört beides zusammen. Ein Hund mit einer Prädisposition, also der Veranlagung für hyperaktives Verhalten, kann durch entsprechende Erziehung und Lebensweise zu einem normalen Hund werden oder zu einem echten Nervenbündel.

Um ein Problem behandeln zu können, muss es jedoch zuerst einmal definiert werden. Genau dabei kann diese Einteilung helfen. Was wann welchen Einfluss haben könnte, wird im nächsten Kapitel besprochen.

Zusammenfassung Kapitel 1: Hintergrund

Impulskontrolle ist zu einem Modewort in der Hundeszene geworden, das ein Konglomerat aus Problemen mit dem Hund zusammenfasst. Ob der Hund wirklich neurologisch »anders«, gar krank ist, ob er unerzogen oder einfach »der Typ« ist, spielt letztendlich erst dann eine Rolle, wenn der Besitzer und sein Hund nicht mehr zurechtkommen. Selbstbeherrschung spielt sowohl im normalen Hundetraining eine Rolle, wenn es darum geht, das Warten zu üben, als auch im sozialen Miteinander. Versuchen Sie, Ihren Hund objektiv zu sehen und einzuschätzen, um Probleme zu erkennen oder als harmlos auszuschließen.

Mögliche Ursachen

»Ursache und Wirkung sind zwei Seiten einer einzigen Tatsache.«

(Ralph Waldo Emerson)

2. Mögliche Ursachen

2.1 Neurologische Grundlagen

Ein impulsives Verhalten entsteht, wenn verschiedene Mechanismen im Kopf auf bestimmte Art und Weise zusammenarbeiten.

Wie in einem Kopf gearbeitet wird, hängt von den individuellen Gegebenheiten ab. Dazu gehören genetische Vorgaben genauso wie im Laufe des Lebens gemachte Erfahrungen. Die Gene bilden die Basis, auf der sich Verhalten und Aussehen entwickelt. Dies ist jedoch nicht fest vorgegeben, denn Gene geben den Möglichkeiten allenfalls einen Rahmen. Je nach äußerem Einfluss entwickelt das Individuum daraus sein ganz persönliches Verhalten und Aussehen. Entgegen früherer Vorstellungen sind genetische Gegebenheiten nicht starr und unveränderlich. Man weiß heutzutage, dass die Entscheidung, ob Informationen eines Gens umgesetzt werden oder nicht, auch noch nach der Geburt gefällt werden können.

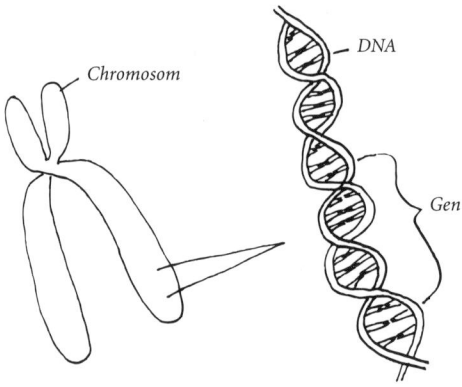

Chromosomen bestehen aus DNA und Proteinen, die die Erbinformationen in Form von Genen enthalten. Sie sind in jedem Zellkern jeder Zelle eines Lebewesens vorhanden.

Exkurs: Gene kodieren Erbinformationen

Aus diesen werden Proteine synthetisiert, die als Grundbaustein der Zelle den Körper und das Verhalten prägen. So können beispielsweise Enzyme hergestellt werden, die Einfluss auf den Stoffwechsel im Körper und im Gehirn haben.

Ob und wie eine Information eines Gens verwertet wird, kann durch äußere Einflüsse wie Krankheit und Stress beeinträchtigt werden. So konnte in einer Studie nachgewiesen werden, dass Mäuse, die früh von ihrer Mutter getrennt worden waren und somit starkem Stress unterlagen, später impulsiver reagierten und stärker zu Verhaltensproblemen neigten. Es wurde gezeigt, dass die üblicherweise auftretende Hemmung eines Gens fehlt. Dadurch wird lebenslang zu viel Vasopressin gebildet, ein Eiweißmolekül, das in die Steuerung von Stresshormonen eingreift. Die nachträgliche Regulierung von Genen wird im Bereich der Epigenetik untersucht.

Wie sich das Gehirn entwickelt, ist also zum einen von den Genen abhängig, zum anderen davon, wie das Gehirn genutzt wird.

Das Gehirn eines Säugetiers besteht aus vielen Milliarden Nervenzellen, die miteinander verbunden sind und Netzwerke bilden. Sie werden bei der Entstehung des Lebens angelegt und verändern sich ein Leben lang.

Informationen werden im Gehirn über elektrische und chemische Signale innerhalb der Nervenzellen (Neuronen) weitergegeben. Je nachdem, von welchem Ort das Signal kommt und wo es ankommt, werden unterschiedliche Reaktionen ausgelöst. Informationen vom Auge gehen also einen anderen Weg als Informationen vom Ohr, vom Mund oder von der Haut. Das Gehirn analysiert die unterschiedlichen Muster, die eintreffen, und formt daraus die Sinneseindrücke des Lebewesens und dessen Reaktion darauf.

Neuronen bestehen aus einem Zellkörper und den Zellfortsätzen, die den Kontakt zur nächstgelegenen Zelle herstellen. Diese Fortsätze sind durch so genannte Synapsen (= Kontaktpunkte) mit der nächsten Nervenzelle verbunden. Synapsen sind nicht mechanisch miteinander verbunden, sondern liegen lediglich sehr eng aneinander. Der Spalt zwischen ihnen ist der so genannte synaptische Spalt. Informationen kommen als elektrische Signale am Ende einer Zelle an und werden am synaptischen Spalt in chemische Signale umgewandelt. Das bedeutet, das elektrische Signal initialisiert die Ausschüttung so genannter Neurotransmitter (chemische Botenstoffe) in den Spalt zwischen beiden Zellen. Die andere Zelle nimmt einen Teil dieser Neurotransmitter auf, was bewirkt, dass in dieser Zelle ebenfalls ein elektrisches Signal entsteht und die Information wieder elektrisch weiterwandert. Information ist geflossen.

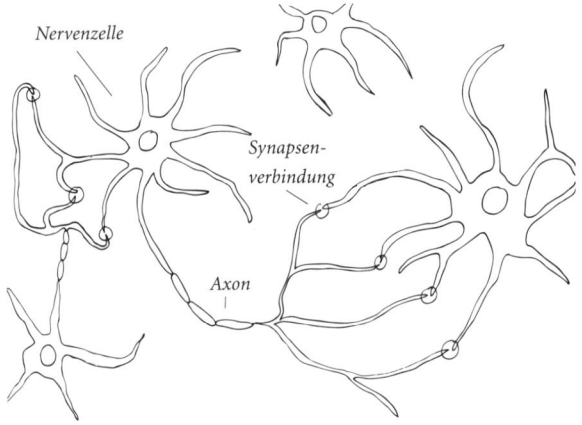

Neuronale Netze bestehen aus verzweigten Nervenzellen, die sich verbinden und wachsen, indem sie voneinander lernen und miteinander Informationen austauschen.

Je nachdem, wie viele Neurotransmitter ausgeschüttet werden und vor allem, welche, werden weitere Systeme angestoßen oder es wird der Informationsfluss gehemmt. Dies ist natürlich alles sehr viel komplexer als es hier beschrieben werden kann.

Wichtig ist jedoch, dass ab einer bestimmten Signalstärke Prozesse in Gang gesetzt werden, die Einfluss auf die Informationsweitergabe, Entstehung von motorischen Reaktionen, Gefühlen und auf das Gedächtnis haben. Ab einer bestimmten Qualität und Stärke von eintreffenden Signalen wird der Bau von Proteinen angestoßen, der zu morphologischen Änderungen führt. Das bedeutet, dass je nachdem, welche, wie viele und wie starke Signale eintreffen, dass Gehirn umgebaut wird, um besser auf nachfolgende ähnliche Signale reagieren zu können. Das ist Lernen und wird im Training genutzt, indem man gewünschte Verhaltensweisen immer wieder wiederholt, damit sie sich einprägen. Auf Hirnebene wird hier also ein neuer neuronaler Pfad gebaut.

Gelernt wird so durch sich immer wiederholende Ereignisse, die das Gehirn Stück für Stück umformen.

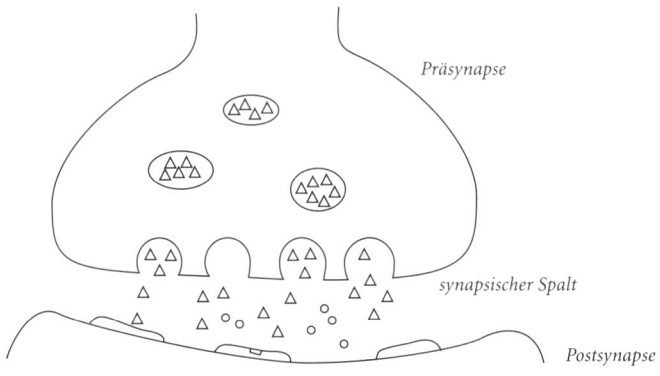

An Synapsen werden über chemische und elektrische Signale Informationen ausgetauscht, die beide Zellen beeinflussen.

Gleichzeitig können jedoch auch Extremsituationen rasche und feste Verknüpfungen hervorrufen, die auf emotionaler Ebene vorhanden sind. Als Beispiel dient hier das Meiden heißer Herdplatten, wenn die erste Erfahrung damit sehr schmerzhaft war. Außerdem können traumatische Erlebnisse auch zu plötzlichen morphologischen Veränderungen und Zerstörungen im Zentralnervensystem (ZNS) führen.

Vergessen Sie deshalb nicht, dass neue, vom Menschen vorgeschriebene Verhaltensweisen, also Reaktionen auf einen Reiz und bestimmtes gewünschtes Benehmen des Hundes, nur über die Veränderung innerhalb des Gehirns und damit über die Art und vor allem die Wiederholung des Trainings möglich ist. Das reine Wissen um das, was zu tun ist, reicht nicht aus, um das Verhalten wirklich ausführen zu können.

 Nehmen Sie sich Zeit, trainieren Sie sauber und wiederholen Sie häufig.

Exkurs

Das Schema, nach dem das Hirn des Hundes lernt, gilt für das Hirn des Menschen übrigens ebenso. Zwar können wir uns bewusst machen, dass es falsch ist, vor einem Hund wegzurennen, weil dieser uns dann erst recht verfolgt. Dennoch muss geübt werden, stehenzubleiben und eine bestimmte Aufgabe auszuführen (beispielsweise das Bedecken der Augen mit den Händen), um dies dann auch anwenden zu können, wenn wir keine Zeit zum Überlegen haben und/ oder überrumpelt werden. Es ist eine schwierige Aufgabe unseres Gehirns, unseren Körper von einigen Verhaltensweisen zu überzeugen, die sinnvoller und erfolgreicher sind als das instinktive Verhalten.

Testen Sie es am eigenen Körper: Gehen Sie normalen Schrittes vorwärts und sagen Sie plötzlich laut und deutlich »Stopp!«. Gehen Sie dabei jedoch weiter und bleiben Sie nicht stehen. Sind Sie leicht zusammengezuckt, langsamer oder schneller geworden? Obwohl Sie wussten, was Sie tun sollen, hat Ihr Körper anders reagiert. Ihrem Hund geht es oftmals genauso.

Je nachdem, welche Vernetzung im Gehirn vorhanden ist, werden die Informationen, die aufgrund der Reizeingänge weitergeleitet werden, verstärkt oder auch nicht, gehemmt oder auch nicht bzw. stoßen weitere System an, die zu entsprechendem Verhalten führen.

Am wichtigsten ist bei den Impulskontrollstörungen das so genannte dopaminerge und das serotoninerge System, vor allem im limbischen System, dem Sitz der Emotionen. Das cholinerge System spielt vor allem bei Stereotypien eine wichtige Rolle und das noradrenerge System kommt ins Spiel bei aggressiven Tendenzen.

Neurotransmittersysteme

Hormone sind chemische Botenstoffe, die im gesamten Körper vorkommen. Im Gehirn werden diese Hormone Neurohormone bzw. Neurotransmitter genannt.

Sowohl der Neurotransmitter Serotonin als auch Dopamin spielen die wahrscheinlich wichtigste Rolle, wenn es um Emotionen wie Angst, Wut und auch um Suchtverhalten und Impulsivität geht. Dabei muss man jedoch wissen, dass beide Hormone sehr unterschiedlich und sogar gegensätzlich wirken können. Je nachdem, wo sie gebildet werden und welche anderen Stoffe Einfluss auf sie haben, können sie hemmen oder verstärken. Gerade im Hirnstoffwechsel gibt es keine eindeutige Zuordnung einer Aufgabe für einen Stoff, sondern die Wirkung hängt immer von den umliegenden Systemen ab. Man kann sagen, alles bedingt sich gegenseitig. Schon aus diesem Grund ist eine klare Aussage, von welchem Stoff man mehr oder weniger braucht, um sich entsprechend zu fühlen, bislang nicht möglich. Viel beruht bisher auf gemachten Erfahrungen, Vermutungen und Versuchen.

2.2 Limbisches System

Das limbische System ist ein sehr altes System, welches im Säugetier schon seit langer Zeit vorhanden ist. Man nennt es auch die Zentralstelle für die psychischen und vegetativen (also nicht willentlich beeinflussbaren) Regulationssysteme. Das limbische System mit seinen Strukturen steuert vor allem emotionales Verhalten und wird deshalb als Zentrum der Gefühle bezeichnet. Es ist beteiligt an der Bildung des Gedächtnisses und unter anderem verknüpft mit dem Geruchssinn.

Das limbische System hat also einen sehr großen, wenn nicht den größten Anteil daran, wie wir reagieren. Noch bevor wir den logischen Inhalt eines Satzes verstehen oder eine Situation praktisch bewerten können, hat unser emotionales Zentrum entschieden, wie wir uns dabei fühlen und beschlossen, wie zu reagieren sei. Unser Unterbewusstsein ist in der Regel schneller als unser logisches Denken. Ein Glück für uns, dass unser Bewusstsein so clever ist, unsachliche Entscheidungen, die auf Emotionen basieren, für uns auch im Nachhinein logisch zu erklären. Schließlich muss für unseren Kopf alles seine Richtigkeit haben.

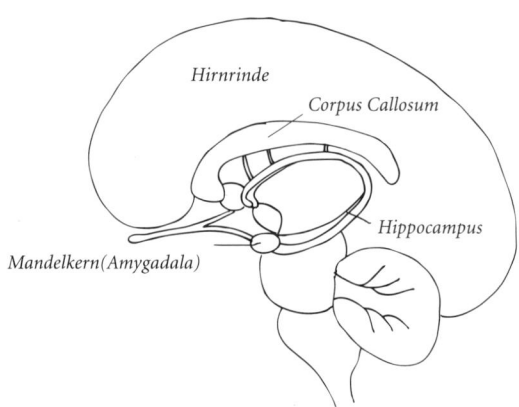

Das limbische System besteht aus vielen Strukturen.
Der Hippocampus und die Amygdala gehören als Systeme der Gedächtnisbildung dazu.

Die Amygdala ist ein Kerngebiet im Schläfenlappen und tritt paarig im Limbischen System auf. Sie ist zentraler Teil des Stress verarbeitenden Systems und ist an der Entstehung der Angst beteiligt. In ihr werden Information zum vegetativen Nervensystem weitergeleitet, die entsprechende Körperreaktionen auslösen.

Ebenso gehört der Hippocampus zum limbischen System. Er ist ebenfalls paarig angelegt und spielt eine wichtige Rolle bei der Gedächtnisspeicherung. Gesteuert werden diese Emotionen wiederum durch die verschiedensten Regulationssysteme wie beispielsweise das dopaminerge und das serotonerge System.

Exkurs

In mehreren Studien am Menschen konnte belegt werden, dass bei Borderline-Patienten die Amygdala degeneriert und übererregbar ist. Die Hippocampi sind sogar noch stärker degeneriert. Dies führt zu Problemen bei der Gefühlsverarbeitung, intensiviert das Emotionsgedächtnis und macht überempfindlich für Reize.

Gleiche Schäden wurden auch bei Patienten mit schwerer posttraumatischer Belastungsstörung diagnostiziert. Durch ein empfindlicheres cholinerges System, sowie eine verminderte Gesamtaktivität des serotonergen Systems besteht ein erhöhtes Risiko für impulsive Aggression und emotionale Sensibilität. Die Phase des REM-Schlafes (Rapid Eye Movement) ist bei diesen Patienten vermindert.

2.3 Das dopaminerge System

Das dopaminerge System ist das bislang am meisten erforschte Neurotransmissionssystem. Es ist dasjenige System, was anspringt, wenn wir mit den Hunden trainieren und primäre Verstärker wie Futter einsetzen. Es spielt eine große Rolle, wenn es darum geht, auf eine Emotion oder auf eine Motivation zu reagieren. Es beeinflusst also die motorische Aktivität und damit auch die Impulsivität. Dopamin spielt ebenfalls eine große Rolle, wenn es um Suchtverhalten geht. Es wird aus der Aminosäure Tyrosin hergestellt.

Dopamin wird vor allem dann ausgeschüttet, wenn etwas Neues und Aufregendes geschieht. Diese Erregung wird an das motorische System weitergegeben und in Handlung umgesetzt. Das dopaminerge System gilt daher als antriebssteigerndes System.

Dopamin beeinflusst den Stoffwechsel und die Zellfunktion noch tiefgreifender als andere Neurotransmitter. Neben der Umsetzung von Erregung in Handlung kann es über so genannte Second und Third Messenger (sekundäre/tertiäre Botenstoffe) zu Veränderungen von Strukturproteinen und Enzymen führen und hat sogar Einfluss auf die Genexpression (also die Umsetzung der Informationen von Genen in Proteine). Dadurch ist das Dopamin in der Lage, Netzwerke im Gehirn zu verformen und vor allem im Frontalhirn, dem Ort, an dem situationsangemessene Verhaltensweisen gesteuert werden, Verhaltensmuster zu beeinflussen.

Dopamin entsteht bei der Biosynthese von Adrenalin aus der Aminosäure Tyrosin.

Kommt eine Erregungsinformation an einer Zelle an, werden an den Synapsen so genannte Vesikel geöffnet, die den Neurotransmitter enthalten. Das Dopamin gelangt aus der Zelle in den synaptischen Spalt. Von dort aus wird es von den angrenzenden Zellen aufgenommen und regt weitere Regulationssysteme an. Durch Rückkopplungsmechanismen wird die Erregung gebremst und die Dopaminmoleküle werden mit Hilfe von Transportermolekülen wieder in die Zelle zurückgebracht. Bei der nächsten ankommenden Erregung misst die Zelle, wie viel Dopamin im synaptischen Spalt vorhanden ist, und berechnet daraus den erneuten Ausstoß. Bis zur Pubertät wächst das dopaminerge System, da das Lebewesen in dieser Zeit ständig neue Erfahrungen macht. Dadurch und ein Leben lang passt es sich der Nutzung durch das jeweilige Lebewesen an. Je öfter das System angeschaltet wird, desto stärker wird es vernetzt. Bekommt das Lebewesen in dieser Zeit den richtigen Input und baut bestimmte Verschaltungsmuster wie soziale Fähigkeiten und Fähigkeiten zur Problemlösung auf, kann es neue Situationen mit diesen Erfahrungswerten abgleichen und ein lösungsorientiertes Verhalten entwickeln. Das gelernte Verhalten kann dann in gleichen Erregungszuständen abgerufen werden und führt dazu, dass angepasste Verhaltensweisen gezeigt werden. Erregung wird kontrolliert.

Diese Verschaltungsmuster bilden sich im Frontalhirn, welches unter anderem dafür zuständig ist, die vom dopaminergen System kommenden Impulse zu kontrollieren. Bei deprivierten Lebewesen, also Lebewesen, die sozial isoliert aufwachsen, ist das System aufgrund fehlender Reize oft zu gering ausgebildet, es fehlt unter anderem an innerer Motivation und Neugier. Es werden keine komplexen Verhaltensmuster angelegt, da diese nicht gebraucht werden. Ein Abgleich mit Erfahrungen ist nicht möglich und es kann zu starken Verhaltensproblemen und Depressionen kommen.

Durch ein zu stark vernetztes dopaminerges System schafft es das Lebewesen ebenfalls nicht so einfach, die genannten komplexen Verschaltungsmuster aufzubauen. Der ständige Erregungseingang verursacht einen ständigen Umbau im Frontalhirn und verhindert die Verarbeitung der Information im Langzeitgedächtnis. Das Arbeitsgedächtnis, welches die Aufmerksamkeit und den Informationsfluss zwischen den verschiedenen Kurzzeitspeichern regelt, ist gestört.

Das Lebewesen neigt zu Impulskontrollstörungen und fällt durch unangemessen impulsives Verhalten auf.

Exkurs: Amphetamine

Wir Menschen nutzen dieses Wissen unerlaubterweise, indem wir Amphetamine als Rauschmittel vor Prüfungen, zur Gewichtskontrolle oder erlaubterweise in Form von Ritalin (einer dem Amphetamin ähnlichen Substanz) bei der Behandlung des AD(H)S einnehmen.

Durch die orale Einnahme gelangt eine geringe Menge des Amphetamins langsam ins Gehirn, löst dort den Ausstoß von Dopamin, Adrenalin und Noradrenalin aus und verstopft die Rezeptoren für die Rückführung dieser Neurotransmitter. Man gerät in einen Wachheitszustand, bei dem die Konzentration erhöht, das Schlafbedürfnis herabgesetzt ist und Hunger- und Durstgefühle abgeschaltet sind. Der Körper ist in erhöhter Alarmbereitschaft. Beim Spritzen von Ecstasy, einer synthetischen Droge aus Methylamphetaminen, wird die Wirkung ins Extrem gesteigert. Durch die hohe und plötzlich ankommende Dosis öffnen sich die Vesikel, die die Transmitter enthalten, explosionsartig und schütten alles Dopamin aus, das darin enthalten war. Das Selbstbewusstsein steigert sich bis hin zur Euphorie. Jedoch werden gerade beim Spritzen von Ecstasy schon beim ersten Mal Synapsen zerstört und Nervenzellschäden treten ein.

Gerät ein Tier in eine aufregende oder stressige Situation, werden also vorhandene Erfahrungen abgefragt, um die momentane Situation entsprechend zu meistern.

Fehlt eine entsprechende Bewältigungsstrategie, breitet sich das Erregungsmuster immer weiter aus und schaukelt sich auf. Es werden Verhaltensprogramme durch den Hypothalamus (Steuerzentrum des vegetativen Nervensystems) aktiviert, die mit der Situation nichts zu tun haben. Übersprungshandlungen werden gezeigt.

Man sieht diese häufig in großen Hundegruppen, wenn Rüden beginnen, aufzureiten. Das hat nichts mit Dominanz zu tun, sondern ist Ausdruck der Aufregung des Hundes, der mit der Situation nicht umgehen kann. Zeigt der Hund nun mit Hilfe dieser Übersprungshandlungen aktives Verhalten, wird dem Gehirn eine Lösung vorgegaukelt, die Dopaminausschüttung wird gestoppt und es kommt zur Ruhe. Auch wenn das Verhalten nicht wirklich zur Lösung beigetragen hat, hat der Hund eine Strategie entwickelt, die er auch beim nächsten Mal abrufen kann. So entwickelt sich der typische ständig aufreitende Junghund.

Reicht das Übersprungsverhalten jedoch nicht aus, um die Bedrohung der Situation zu entfernen, werden phylogenetisch ältere Notfallprogramme aktiviert, das so genannte instinktive Verhalten. Dieses besteht aus den »vier Fs»: Fight (Kampf), Flight (Flucht), Freeze (Erstarren) und Flirt (Herumwuseln) bis hin zum Zeigen von Stereotypien. Diese sollen dazu dienen, das Gehirn wieder zu beruhigen. Eine aktive Bewältigung und Kommunikation findet nicht mehr statt und das Lebewesen zieht sich in sich zurück. Auch hier werden diese Verhaltensmuster als eingebildete Lösung sofort fest verknüpft und immer häufiger abgerufen.

Gähnen kann eine Übersprungshandlung sein, die man oft bei überforderten Welpen sieht.
Gegähnt wird aber auch einfach aus Müdigkeit.

Besteht eine lange und tiefe innere Unruhe und die Erregung kann auch über längere Zeit nicht gestoppt werden, gelangt das Stresshormon Cortisol wieder aus dem Körper zurück ins Gehirn. Dort kappen die Nervenzellen dann ihre Verbindungen zueinander, um den ständigen Erregungseingang zu stoppen und größere körperliche Schäden zu vermeiden. Jedoch werden dadurch schon vorhandene komplexe Verhaltensmuster zerstört und können somit nicht mehr abgefragt werden.

Je mehr Dopaminausschüttungen stattfinden, desto stärker vernetzt sich das dopaminerge System und desto schneller und stärker sind die folgenden Ausschüttungen.

Für unsere Hunde ist von diesen Informationen vor allem wichtig, dass eine zu häufige Dopaminausschüttung zu immer stärkerer dopaminerger Vernetzung führt. Fehlen komplexe Verhaltensmuster, die dem Hund helfen, mit neuen aufregenden Situationen erfolgreich umzugehen, zeigt der Hund nichtangepasste, oft impulsive Verhaltensweisen, die zu weiteren Problemen führen können. Je impulsiver, aufgeregter das Tier dabei ist, desto weniger kann es lernen und Informationen in das Gedächtnis überführen. Es manifestiert sich eine Unfähigkeit, mit Erregung umzugehen.

2.4 Das serotonerge System

Das serotonerge System gilt als Puffersystem und hat eine eher inhibitorische, also hemmende Wirkung. Es springt an, wenn das dopaminerge System hochgefahren ist, und hat somit ausgleichende und beruhigende Wirkung auf das motorische System. Außerdem hemmt es in aufgeregtem Zustand den sensorischen Input irrelevanter Reize. Man bekommt den so genannten Tunnelblick.

Im Körper spielt Serotonin unter anderem eine große Rolle bei der Blutgerinnung, der Thermoregulation, der Nahrungsaufnahme, der Schmerzverarbeitung und hat Einfluss auf den Schlaf-Wach-Rhythmus. Im Gehirn durchdringt es alle Bereiche bis in das Rückenmark hinein. Das serotonerge System feuert rhythmisch und gilt daher als Taktgeber des Gehirns. Dadurch hat es eine stabilisierende Wirkung auf den Körper und die Vorgänge im Gehirn.

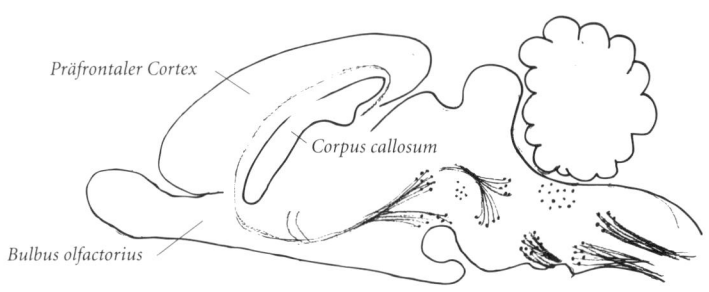

Serotonerge Neurone im Hirnstamm der adulten Ratte (nach Role und kelly 1991)

Serotonin wird aus der Aminosäure L-Tryptophan hergestellt. Es kann jedoch nicht von außen zugeführt werden, da es nicht durch die Blut-Hirn-Schranke kommt. Nur über die Aufnahme der Vorstufe Tryptophan, das diese Schranke passieren kann, kann es im Nervensystem gebildet werden.

Im Volksmund wird Serotonin als Glückshormon bezeichnet, weil ein erhöhter Spiegel Euphorie auslöst. Es kann aber auch Unruhe und Halluzinationen hervorrufen. Die Ausbildung des Systems ist stark abhängig von frühen Bindungserfahrungen, Vertrauen und Sicherheit. Beim Menschen ist nachgewiesen, dass frühkindliche Bindungsstörungen zu einem gering entwickelten serotonergen System führen und dadurch vermehrt Impulskontrollstörungen auftreten können.

Auch bei Patienten mit Suizidgedanken und schweren Depressionen, bei Schizophrenie und Persönlichkeitsstörungen konnte eine reduzierte serotonerge Aktivität festgestellt werden. Andere Formen vor allem impulsiven und auch aggressiven Verhaltens scheinen ebenfalls mit einer reduzierten serotonergen Aktivität zusammenzuhängen.

Geschlecht, Alter, Größe, Gewicht, die motorische Aktivität und der menstruelle Zyklus beeinflussen die serotonerge Funktion ebenfalls.

Ein gut ausgebildetes serotonerges System hilft dabei, das Leben locker zu nehmen und entspannt zu sein. Gestärkt wird die Ausbildung vor allem durch positive Sozialkontakte, aber auch durch die erfolgreiche Bewältigung von Problemen. Je besser Probleme gelöst werden, desto stärker vernetzt sich das System und wird in ähnlichen Situationen schneller aktiviert.

Von außen ist das System auch durch das Hinzuführen bestimmter Nahrungsmittel wie Kohlenhydrate oder Fett zu beeinflussen. Beide beinhalten die Vorstufe Tryptophan, aus der dann im Gehirn das Serotonin gebildet wird. Das ist auch der Grund, warum Schokolade essen glücklich macht und Fressen bei Hunden beruhigt.

Aber auch das Gegenteil davon, das Hungern, kann den Serotoninausstoß verändern. Nach drei Tagen Hungern wird das Stresshormon Cortisol abgebaut und die Serotonintransporter werden verringert. Damit liegt mehr Serotonin frei vor und ein Wohlgefühl setzt ein, während der Hunger verschwindet.

Dies ist jedoch nur dann möglich, wenn das Lebewesen freiwillig hungert. Wer gerade überlegt hat, drei Tage Hundefutter zu sparen, hat leider Pech gehabt. Wird unter Zwang gehungert, steigt der Stresslevel sogar immer weiter und das Gegenteil passiert, das serotonerge System zieht sich zurück.

Die subjektive Bewertung eines Lebewesens hat demnach eine sehr viel stärkere Wirkung auch auf neurophysiologische Vorgänge als im Allgemeinen gedacht wird. Auf diese Weise funktionieren auch Placeboeffekte und Mentaltrainingsmethoden.

 Glauben Sie also an den Erfolg Ihres Trainings und verschaffen Sie sich und Ihrem Hund Spaß dabei. Dann haben Sie schon mindestens die Hälfte des Weges hinter sich.

2.5 Woher kommt Impulsivität?

Die Auslöser für die von der Norm abweichenden Veränderungen im zentralen Nervensystem sind vielfältig. Im Hund ist nicht sichtbar und auch nicht messbar, ob Veränderungen im Gehirn in krankhafter Form schon vorhanden sind, geformt wurden oder gerade dabei sind, sich zu ändern. Man kann aber anhand der Lebensumstände des Hundes, seiner Erfahrungen und der Kenntnis seiner Verwandtschaft eine Menge herleiten.

In den meisten Fällen beeinflussen sich die Ursachen gegenseitig und sind daher nicht strikt voneinander zu trennen. Aber sie machen verständlich, worauf es bei Erziehung und Umgang mit dem Hund ankommt.

Persönlichkeit

Impulsiv zu sein ist nicht zwangsläufig gleich krankhaft und muss also nicht notwendigerweise als psychische Störung behandelt werden. Impulsivität kann ebenso ein individuelles charakterliches Merkmal sein, welches den Typ definiert. Lebewesen kommen mit den unterschiedlichsten Möglichkeiten zur Welt. Sie bringen genetische Anlagen mit, werden im Körper der Mutter vorgeformt, entwickeln dort schon aufgrund der vorliegenden Bedingungen Regeln für ihren eigenen Stoffwechsel und für die potentielle Bandbreite an Reaktionen.

Der Neurologe Gerald Hüther hat dies in einem Interview mit dem Magazin Info3 im Oktober 2001 wunderbar ausgedrückt: »Wir kommen alle mit unterschiedlichen Anlagen zur Welt. Ob eine Anlage zu einer Begabung oder zu einem Handicap wird, hängt danach nicht mehr von der Anlage ab, sondern von den Bedingungen, unter denen sie sich entweder entfalten oder aber nicht entfalten kann.«

Das Problem liegt entsprechend im Auge des Betrachters. Hunde mit einer stärkeren Veranlagung zu impulsivem Verhalten entwickeln bei falschem Umgang oder falscher Umwelt entsprechend schneller Problemverhalten als Hunde, die weniger impulsiv geprägt zur Welt kommen. Die Genetik spielt hier also eine Rolle. Sie bringt jedoch keine kranken Hunde hervor, sondern bereitet nur den Weg für das Problem. Oft reicht dann ein entsprechender Trigger (wie etwa das Ballspielen mit einem solchen Hund), um das Problem hervorzurufen. Ein frühes Erkennen der Anlagen des Tieres und ein angepasster Umgang sind daher wichtig.

Umweltbedingte Ursachen

Pränatal erworbene neurologische Fehlfunktionen

Schon während des Wachstums im Mutterleib wird angelegt, wie der individuelle Stoffwechsel (nicht nur) im Kopf aussieht. Mit den Erfahrungen, die der ungeborene Welpe macht, passt sich dieser Stoffwechsel an. Ist die Mutter selbst

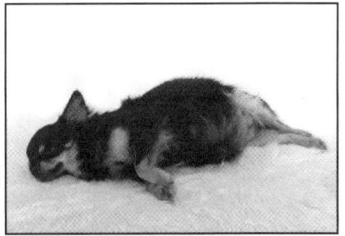

sehr nervös und gestresst, ist der Stoffwechsel darauf ausgerichtet und enthält beispielsweise vermehrt Cortisol. Durch die Verbindung zur Mutter werden die Ungeborenen beeinflusst und ihr Stoffwechsel baut sich so auf, dass sie mit den sie umgebenden Bedingungen bestmöglich zurechtkommen. Die Welpen werden also schon vorgeburtlich hormonell auf Stress geprägt.

Eine sehr nervöse und gestresste Mutter wird dementsprechend Welpen zur Welt bringen, die ebenfalls zu diesem Verhalten tendieren können.

Aber auch eine seelisch gefestigte Hündin, die während der Trächtigkeit traumatische Erlebnisse hat oder weggegeben wird, um woanders die Welpen zur Welt zu bringen, hat in einer Zeit Stress, in der ihre ungeborenen Welpen ihren Stoffwechsel anpassen.

So können auch hier junge Hunde geboren werden, die eher zu impulsivem Verhalten neigen, obwohl die Mutterhündin selbst ruhig und sicher scheint.

Auch die Anzahl der Welpen pro Wurf sowie die Menge an weiblichen und männlichen Welpen hat anscheinend einen Einfluss auf das Stoffwechselsystem des einzelnen Tieres. So kann eine junge Hündin, die zwischen zwei Rüden liegt oder als einzige Hündin mit mehreren männlichen Geschwistern geboren wird, ebenfalls hormonell beeinflusst werden. Hier scheint es ein erhöhter Testosteronspiegel zu sein, der die entscheidende Rolle spielt. Natürlich haben auch Krankheiten in der Trächtigkeitsphase, die Wetterbedingungen, Schmerzen und das Futter der Mutter einen Einfluss auf den entstehenden Hund.

Beim Menschen wurde kürzlich nachgewiesen, dass Kinder, die im November geboren sind, ein besser ausgebildetes Immunsystem besitzen. Begründet wird dies damit, dass diese Kinder im europäischen Raum den größten Anteil an warmen Monaten mit Sonne und Wärme im Mutterleib abbekommen haben. Es gibt kein »Normalmaß«, das in den Genen gespeichert wird, sondern immer nur ein Anpassen an die gegebenen Bedingungen.

Postnatal erworbene neurologische Fehlfunktionen

Der junge Hund kommt nicht fertig zur Welt. Auch direkt nach der Geburt kann es Einwirkungen geben, die das Verhalten des Hundes vorausahnen lassen. Unter Hundehaltern ist diese Zeit auch als Prägephase und weiterhin als Sozialisierungsphase bekannt.

Die wichtigste Phase findet jedoch in den ersten Wochen vor allem beim Züchter statt. Hier können direkte Einflüsse von Krankheiten,

 Angst, Infektionen und anderen Reizlagen Einfluss auf das Hormonsystem haben. Frühe emotionale Erlebnisse beeinflussen den Hund stärker als Erfahrungen in höherem Alter, da dann schon mit anderen Erfahrungen abgeglichen werden kann.

Langanhaltende Stresssituationen können zum Abbau von Nervenzellverbindungen führen und somit den Bau und die Nutzung von Bewältigungsstrategien in schwierigen Situationen verhindern. Traumatische Erlebnisse wiederum können Schäden an einzelnen Hirnbereichen hervorrufen, die ebenfalls Einfluss auf das spätere Verhalten haben können.

Exkurs

Eine Studie belegt diese epigenetische These: Das Eiweißmolekül Vasopressin steuert im Körper unter anderem die Produktion von Stresshormonen, hat Einfluss auf das Gedächtnis und auf die Emotionen. Bei einer Überproduktion von Vasopressin werden also vermehrt Stresshormone ausgeschüttet. Während der Pränatalentwicklung des Fötus kommt es zu einer Modifizierung des Genabschnittes, der die Aktivierung des Vasopressin-Gens hemmt. Dieser Genabschnitt führt also dazu, dass weniger Vasopressin hergestellt wird. In der Studie konnte nachgewiesen werden, dass bei Mäusebabys, die direkt nach der Geburt von der Mutter getrennt werden, dieser Ausschalter quasi nicht betätigt wird und dadurch eine lebenslange Überproduktion von Vasopressin entsteht, was zu erhöhter Stressintoleranz führen kann.

(Ch. Murgatroyd et. al, »Dynamic DNA methylation programs persistent adverse effects of early-life stress«)

Jedes Erlebnis bildet vor allem im frühen Alter die Grundlage weiterer Verhaltensreaktionen. Aus diesem Grund sind positive erfolgreiche Erlebnisse in früher Jugend so wichtig und negative Erlebnisse so gefährlich. Und dies ist auch der Grund, warum Säugetierkinder durch Spiel lernen. Es werden ernste Situationen ohne Risiko trainiert und das entsprechende Verhaltensmuster wird aufgebaut.

Im Übrigen ist das auch der Grund, warum es nicht hilft, einen Hund komplett vom Spielen abzuhalten, damit er nicht jagen lernt. Er kann dann nämlich auch keine uns genehme adäquate Verhaltensweise erlernen und wird in der entsprechenden Situation im späteren Alter auf instinktives und damit unkontrollierbares Verhalten zurückgreifen. Ein Jagdhund muss also schon früh in Jagdsituationen trainiert werden, um später kontrollierbar zu sein.

Einzige Ausnahme bilden depriviert gehaltene Hunde, wie beispielsweise Laborbeagle, die selten Jagdverhalten zeigen, falls sie das Glück haben, aus dem Labor herauszukommen. (Manchmal aber eben doch!) Hier sind es meist andere Schädigungen, die ein »normales« Verhalten vermissen lassen.

Erziehungsbedingte Ursachen

Je größer die Disposition (also die Veranlagung) des Hundes ist, impulsives Verhalten zu zeigen, desto besser muss der Besitzer wissen, wie er damit umgeht. Während das Wesen des einen Hundes mehr Erziehungsfehler zulässt, ohne dass sich Probleme entwickeln, hat man mit einem anderen Hund schon bei geringen Fehlern schnell ein großes Problem an der Leine. Der Umgang, die Erziehung und die Ausbildung müssen also an den jeweiligen Hundetyp angepasst sein. Dazu gehören eine vernünftige Auslastung des Hundes, eine sinnvolle Trainingsmethode, klare und eindeutige Kommunikation, Fairness und eine entsprechende Erziehung.

Genauso wie eine impulsive Persönlichkeit bei falschem Umgang zu Problemverhalten neigt, kann der falsche Umgang und daraus resultierendes problematisches Verhalten zu organischen Problemen führen.

Hunde, die beispielsweise häufig in Stress- und Angstsituationen geraten, neigen eher zu Impulskontrollstörungen. Auch viele Konflikte und Frustsituationen können eine Impulskontrollstörung heraufbeschwören. Der Hund versucht, mit einer Situation umzugehen, die er nicht meistern kann, und zeigt unangebrachtes Verhalten, welches sich im schlimmsten Fall verselbständigt.

Erziehungsbedingte Impulsivität kann ausgelöst werden durch fehlendes Vertrauen des Hundes in seinen Menschen, zu viel Aggression im Umgang mit dem Hund, durch Verstärkung von aufmerksamkeitsheischendem Verhalten und natürlich durch das Verstärken von impulsivem Verhalten. Vor allem letzteres ist in Hundehalterkreisen ein großes Problem. Das ständiger Werfen und Wiederbringen von Tennisbällen und Co. kann Hunde mit einer Veranlagung zu impulsivem Verhalten im wahrsten Sinne des Wortes in den Wahnsinn treiben.

Körperliche Ursachen

Organische Erkrankungen des Hundes können ebenso zu auffällig hyperaktivem Verhalten führen. Das beginnt mit möglichen Schmerzen oder chronischem Juckreiz, durch die die Tiere sensibilisiert sind und heftiger reagieren. Aber auch entzündliche und/oder chronische Erkrankungen der Schilddrüse, der Nieren und Nebennieren sowie der Leber können zu Impulskontrollstörungen führen. Die inneren Organe bilden und beeinflussen den Körperstoffwechsel und haben daher bei Erkrankungen sehr große Auswirkungen auf denselben. Auch Bluthochdruck kann ein Grund für Übererregbarkeit sein, ebenso wie die saisonalen Schwankungen der Sexualhormone des Hundes.

Erkrankungen, wie Borreliose, Erlichiose, Staupe, Tollwut und Tetanus können ebenfalls entsprechende Verhaltensänderungen mit Impulskontrollproblemen hervorrufen.

Seit längerer Zeit werden auch Allergien und Ernährungsdefizite als Ursachen diskutiert. Aussagekräftige Studien gibt es dazu nicht. Da der Stoffkreislauf aber sehr komplex und von der Ernährung des Tieres abhängig, ist das durchaus vorstellbar. Im Kapitel zur Ernährung finden Sie dazu weitere Informationen.

Körperliche Ursachen müssen zuerst durch einen entsprechend geschulten Tierarzt ausgeschlossen oder diagnostiziert werden. Ob sie die Ursache für eine Impulskontrollstörung sind oder eine Folge von ihr, lässt sich nicht immer feststellen. In jedem Fall müssen sie aber behandelt werden.

Zuchtbedingte Ursachen

Der Hund ist ein durch den Menschen genetisch verändertes Lebewesen. Der Mensch selektiert sowohl bestimmtes Aussehen als auch bestimmte Verhaltensweisen, die ihm gefallen bzw. die ihm nützlich erscheinen. Genetik ist jedoch eine sehr komplexe Angelegenheit, die vor allem bezüglich des Verhaltens nicht klar zu durchschauen ist. Bestimmte Verhaltensweisen oder Wesensmerkmale sind nicht auf einzelnen Genen codiert, sondern ergeben sich durch die Zusammenarbeit mehrerer Gene und natürlich der Umwelt. Versucht man, spezielle Merkmale zu selektieren, erhält man oft weitere Abnormitäten, mit denen man nicht gerechnet hat. Bekanntestes Beispiel ist sicherlich die mögliche Taubheit bei weißfarbenen Hunden (Boxer, Dalmatiner etc.). Mit Vergrößerung und Verkleinerung der einzelnen Rassen gehen gesundheitliche Probleme einher, an die man zuvor nicht gedacht hatte.

Und dasselbe ist natürlich erst recht der Fall, will man auf ein bestimmtes Verhalten selektieren.

Ehemalige Wachhunde wie der Dobermann wurden darauf selektiert, fremde Menschen zu verbellen. Selektiertes Verhalten hat immer eine physiologische Komponente, wie beispielsweise Änderungen im Neurotransmitterstoffwechsel. So ist es denkbar, dass Hunde, die viel und schnell bellen, einen schlechteren Reizfilter und ein stärker ausgebildetes dopaminerges System entwickelt haben. Dadurch reagieren sie früher und heftiger auf fremde Reize. Dies bedeutet aber gleichzeitig, dass sie auch in anderen Situationen nicht angepasstes Verhalten zeigen können, was vom Menschen so sicherlich nicht immer gewollt ist.

Dasselbe gilt für viele Hütehunde, die selektiert wurden, geringste Reize wahrzunehmen. Um das zu ermöglichen, muss der innere Reizfilter so genetisch beeinflusst worden sein, dass er mehr durchlässt und die Tiere gleichzeitig auch allgemein nervöser sind als der Durchschnitt. Auch hier ist der Hirnstoffwechsel vermutlich genetisch verändert.

Die so existierenden neurologischen Fehlfunktionen können also sowohl genetisch bedingt sein als auch erworben werden, wenn die Veranlagung vorhanden ist.

Zusammenfassung Kapitel 2: Mögliche Ursachen

Impulsives Verhalten resultiert aus physiologischen Vorgängen im Gehirn. Ob diese der durchschnittlichen Norm entsprechen oder nicht, hängt von vielen Faktoren ab. Eine klar begrenzte »Normphysiologie« gibt es nicht, genauso, wie es keinen Normhund gibt. Viele Erfahrungen, genetische Voraussetzungen und Umweltbedingungen bestimmen die Physiologie des Kopfes und somit das Verhalten unseres Hundes. Möchte man an den Problemen arbeiten, hilft es, diese Faktoren zu kennen, um diejenigen beeinflussen zu können, auf die man noch Einfluss hat.
Es hilft außerdem dabei, das Verhalten emotionslos zu betrachten und nicht als »böswillig« oder »absichtlich« zu empfinden.

Prävention

»Erfahrung ist eine herrliche Sache. Mit ihrer Hilfe erkennen wir einen Fehler jedesmal wieder, wenn wir ihn erneut begehen.«

(Franklin P. Jones)

3. Prävention

Impulsivität lässt sich nicht messen. Ob Ihr Hund eine Störung hat oder nicht, ist solange irrelevant, wie Sie mit ihm zurechtkommen, glücklich sind und er keine Gefahr für sich selbst und/oder andere darstellt. Zu bedenken ist jedoch, dass sich Probleme meist nicht von selbst lösen, sondern in der Regel schlimmer werden. Ein Welpe der aufdringlich das Knie anstupst, um beschäftigt zu werden, zwickt vielleicht als Junghund hinein. wenn man nicht schnell genug ist. Wie wir gesehen haben, kann Impulskontrolle sowohl Ausdruck einer ernsthaften Erkrankung als auch ein reines Erziehungsproblem sein. Das Üben der Impulskontrolle ist also immer wichtig, wenn es um die Aufzucht eines Hundes geht. Um so mehr, wenn die Umstände der Geburt und Herkunft des Welpen unklar sind oder sogar im negativen Sinne bekannt. Je mehr Stress die Mutterhündin während der Trächtigkeit hatte, weil sie ausgesetzt wurde, abgegeben oder in einer sehr anstrengenden Umgebung lebte, desto größer die Gefahr, dass auch der Welpe Probleme mit seiner Impulskontrolle bekommt. Je früher der Welpe von seiner Mutter weggenommen wurde, wenn er krank war oder andere schlimme Erlebnisse hatte, desto stärker müssen Sie als Besitzer auf die typischen Anzeichen einer Verhaltensstörung achten und dem entgegenwirken. Dazu gehören starke Unruhe, schnelle Hochpuschen, wenig Schlaf, aber auch häufiges Bellen, Quietschen und Herumwuseln.

Präventiv kann viel aufgefangen werden und meist ist es besser, vorbeugend zu trainieren, als zu hoffen, dass schon alles gut gehen wird. Hat sich ein Verhalten erst einmal etabliert oder sogar aufgrund morphologischer Veränderungen im Gehirn eine Grundlage geschaffen, sind dauerhafte Änderungen kaum mehr möglich. Natürlich darf ein Welpe seine »fünf Minuten« haben und Herumrasen wie ein geölter Blitz. Beruhigt er sich davon aber gar nicht mehr, kann nicht schlafen und ist immer in Habachtstellung, muss gehandelt werden. Besprochen werden in diesem Kapitel ausschließlich die auf den Welpen bezogenen Grundlagen einer Prävention. Viele, wenn nicht gar alle Übungen des nächsten Kapitels sind dennoch genauso sinnvoll mit einem erwachsenen Hund zu trainieren und dienen ebenso der Prävention.

3.1 Schlechte Erfahrungen vermeiden

Kaum jemand möchte, dass sein kleiner Welpe schlechte Erfahrungen macht. Doch was schlechte Erfahrungen, sind wird meist sehr unterschiedlich beurteilt. Was dem Menschen gefällt, kann für den Hund langfristig schädlich sein, und gerade neuen Hundebesitzern fehlt es hier an Erfahrungen, auf die sie zurückgreifen können.

Überall mit hinnehmen oder nicht?

Mit dem neuen und positiven Umgang in der Hundeerziehung kam auch die Erkenntnis, dass junge Hunde ihre Welt kennenlernen sollen und müssen. Sie müssen lernen, mit und in ihr zurechtzukommen, um später vor allen möglichen Reizen keine Ängste zu entwickeln. Dementsprechend werden die kleinen Hunde überall mit hingeschleppt, bekommen alles gezeigt und werden leider häufig komplett überfordert.

Tatsache ist, dass Pauschalaussagen immer gefährlich sind und zum genauen Gegenteil dessen führen können, was man beabsichtigt hat. Grundsätzlich ist der Gedanke gut. Was man schon kennt, davor hat mein keine Angst mehr. Allerdings müssen hier viele Dinge beachtet werden. Der kleine Welpe kommt vom Züchter oder woanders her in eine für ihn komplett neue und ungewohnte Umgebung. Er kommt zu Menschen, denen er ausgeliefert ist und die er kennenlernen muss. Täglich verändert sich sein Körper, und auch damit muss er umgehen lernen.

Je nachdem, wohin der kleine Hund kommt, ist er schon im Alltag ständig neuen, lauten und ungewohnten Reizen ausgesetzt: den Kindern der Familie und deren Freunden, Straßenlärm, der Müllabfuhr, klingelnden Besuchern, vielen fremden anderen Hunden, die nett sind oder auch nicht, dem Gehen an der Leine, schnellen Autos und nicht zuletzt sämtlichen Spiel- und Beschäftigungssachen, die der gutmeinende Besitzer angeschafft hat. Das kleine Gehirn muss sich also schon mit etlichen neuen Reizen auseinandersetzen und sich anpassen. Ihn jetzt auch noch mit weiteren neuen Umgebungen zu konfrontieren, weiteren Reizen auszusetzen und noch mehr zu zeigen, kann zu einer Reizüberflutung führen. Der Hund kommt nicht damit zurecht und entwickelt Probleme. Es ist also an jedem Hundebesitzer zu entscheiden, was er dem Kleinen zumuten kann und was sinnvoll ist und was nicht.

> Als Faustregel gilt: Schafft er es in allen möglichen Situationen, nach kurzer Zeit zu ruhen oder zu schlafen, darf er auch überall mit hin.

Wenn Ihr Hund Ruhe halten kann, nimmt sein Gehirn unbewusst Reize der Umgebung auf, speichert sie und arbeitet mit ihnen. Er ruht jedoch dabei und verknüpft dadurch weder Stress noch Aufregung, sondern genau das Richtige: Entspannung.

Kann ein kleiner Hund so entspannt schlafen wie »Honey«,
verarbeitet er neue Reize optimal.

Schafft er es nicht, zur Ruhe zu kommen, haben Sie zwei Möglichkeiten: Nehmen sie ihn nicht mit. Achten Sie darauf, dass er zu Hause bei Ihnen zur Ruhe kommen kann, Sie mit ihm zusammen lernen und er dort Sicherheit kennenlernt. Ein sicherer Hund, der noch nicht viel kennt, kommt später besser mit neuen Situationen klar als ein nervöser, unsicherer Hund.

Das gilt vor allem für die Hunde, die schon sehr früh ohne Mutter waren (weil die Mutter gestorben ist oder der Hund aus schlechten Verhältnissen kommt). Und es gilt auch für bestimmte Hunderassen, die zu impulsivem Verhalten, Epilepsien und Hochdrehen neigen, wie einige Hütehunde (Border Collie, Australian Shepherd, Sheltie, Schäferhund).

Schotten Sie diese Hunde nicht von ihrer Umwelt ab. Aber kontrollieren Sie die Umwelt so weit als möglich. Eine reizvolle Erfahrung in der Woche wie etwa eine gute Welpengruppe reicht zu Beginn oft völlig aus. Kommt er damit nach wenigen Wochen gut klar, kann eine neue Erfahrung hinzukommen.

Gerade Arbeitshunde, die noch auf Leistung selektiert werden, intensiv mit dem Menschen zusammenarbeiten und bekannt für ihre »Gier« nach Arbeit sind, müssen als erstes lernen, selbst Ruhe zu halten und Reize auszuhalten, statt immer wieder neuen ausgesetzt zu werden.

»Weniger ist mehr« ist hier das ultimative Schlagwort

Das mag besonders schwierig sein, wenn man sich einen Hund angeschafft hat, um intensiv mit ihm arbeiten zu können. Aber denken Sie daran, dass Sie diesen Hund mehr als 10 Jahre führen möchten. Das, was Sie am Anfang falsch machen, können Sie oft nicht mehr rückgängig machen. Arbeiten können die Hunde fast alle. Ruhe halten und Entspannen in jeder Situation hingegen muss intensiv gelernt werden. Nehmen Sie ihn nur mit, wenn es einen Rückzugsort für ihn gibt, den er schon mit Ruhe verknüpft hat. Die Hundebox ist beispielsweise ein solcher Rückzugsort. Sie ist für fast jeden Welpen eine ideale Anschaffung.

Im Gegensatz zum Menschen finden fast alle Hunde die Box gut. Während der Mensch sich in einer Höhle gefangen fühlt und meint, dem Hund mehr Bewegungsspielraum einräumen zu müssen, mögen Hunde diese Enge, denn sie entspricht ihren normalen Vorlieben. Die Box begrenzt den Hund von allen Seiten, hält Reize von ihm fern und bietet dadurch absolute Sicherheit. Er muss sich darin nicht groß bewegen können. Es ist wichtig, dass er darin gemütlich liegen kann. Das heißt nicht unbedingt alle Viere von sich streckend, sondern (eben wie Tiere in einer Höhle) kuschelig zusammengerollt mit Wandkontakt. Dadurch wird auch eine gewisse Ruhe erzwungen, die dem Hund ebenso hilft, zu entspannen.

Die Vorteile der Hundebox (möglichst faltbar) liegen klar auf der Hand:

- Sie kann überall mit hingenommen werden,
  da sie klein zusammenfaltbar ist.

- Sie ist möglichst schon verknüpft mit Ruhe, Entspannung und Sicherheit.

- Man kann sich in Ruhe den eigenen Dingen widmen,
  ohne den kleinen neugierigen Hund beaufsichtigen zu müssen.

- Es ist ein Rückzugsort für den Hund, an den auch
  andere Hunde und Kinder nicht herankommen (dürfen).

- Die Reizeinwirkung auf den Hund wird aufgrund der blickdichten Wände
  minimiert.

- Der Hund ist in der Box gesichert und geschützt,
  zum Beispiel auch beim Autofahren.

Übung: Boxentraining

Besorgen Sie sich eine Box, in der Ihr Hund als erwachsener Hund gemütliche liegen und sich drehen kann. Er muss darin nicht stehen können und auch nicht unbedingt ausgestreckt liegen. Wichtig ist, dass er räumlich begrenzt wird, Körperkontakt mit den Seiten haben kann und sich wohl fühlt. Die besten Boxen haben an zumindest der Längs- und Breitseite eine Öffnung, können blickdicht verschlossen werden und haben einen Stahlrohrrahmen statt eines schnell kaputtgehenden Plastikgestänges. Bezugsquellen dafür finden Sie im Anhang.

1 Stellen Sie die Box im Zimmer auf und öffnen Sie alle Eingänge. Nach ein bis zwei Tagen Gewöhnungszeit an dieses neue Gebilde im Zimmer starten Sie das Training.

2 Überlegen Sie sich ein Signal für das Verhalten »In die Box gehen«, zum Beispiel »Box!«

3 Nehmen Sie ca. zehn Leckerchen in eine Hand und den Clicker in die zweite Hand und setzen Sie sich neben den Boxeingang.

4 Zeigen Sie Ihrem Hund das Leckerchen, lassen ihn daran schnuppern und werfen es dann in die Box hinein.

5 Geht Ihr Hund hinterher, clicken Sie, kurz bevor er das Leckerchen gefunden hat und frisst.

6 Wiederholen Sie dies, bis Ihre zehn Leckerchen alle sind.

7 Wiederholen Sie diese Übung mehrmals am Tag oder über mehrere Tage verteilt, bis Ihr Hund freudig in der Box nach dem Leckerchen sucht.

8 Geht Ihr Hund freudig in die Box, nachdem Sie das Leckerchen geworfen haben, geben Sie Ihr Signal »Box!« kurz bevor Sie die Handbewegung machen, um das Leckerchen in die Box zu werfen. Wiederholen Sie das nun ebenfalls mehrmals

9 Nun geben Sie das Signal »Box!«, machen dann Ihre Handbewegung, aber diesmal, ohne ein Leckerchen zu werfen, und clicken, wenn Ihr Hund in die Box geht, um das vermeintliche Leckerchen zu suchen.

10 Geben Sie ihm das Leckerchen aus der Hand, solange er noch in der Box ist. Geben Sie es ihm möglichst so, dass er sich dabei hinlegen muss. Wiederholen Sie das ebenfalls über mehrere Übungseinheiten.

11 Funktioniert das problemlos, beginnen Sie, mehrere Leckerchen hintereinander in der Box zu füttern, nachdem er hineingegangen ist. So bleibt er länger in der Box. Sie können ihm auch etwas zum Kauen halten, während er in der Box liegt. (Lassen Sie dabei nicht los, damit er in der Box frisst, statt damit hinauszugehen.)

12 Macht er es sich zum Kauen gemütlich, beginnen Sie, ihm regelmäßig Kauartikel in der Box anzubieten. Trägt er sie hinaus, nehmen Sie sie und bringen Sie mit Signal und Handbewegung wieder in die Box.

13 Kaut er entspannt in der Box, können Sie diese nun auch schließen für die Zeit, in der er frisst. Öffnen Sie sie anfangs, bevor er fertig ist. Später lassen Sie die Box zu. Sollte er nun jammern und kratzen, reagieren Sie nicht darauf, sondern öffnen die Box erst, wenn er ruhig und entspannt liegt. Am einfachsten ist das, wenn er vor dem Kauen spazieren war und sowieso schon müde ist, so dass er danach schlafen kann.

Eine Box bietet Schutz, Sicherheit und die Möglichkeit abzuschalten, um Reize in Ruhe verarbeiten zu können. Nimmt der Hund die Box gern an, kann sie auch offen bleiben.

Sollte Ihr Hund große Angst vor der Box haben, werfen Sie die Leckerchen anfangs nicht in die Box, sondern nur in deren Nähe. Je sicherer Ihr Hund wird, desto dichter können die Leckerchen an, später auch in die Box fallen.

Bei einigen Hunden reicht es aus, sie mit einem Leckerchen in die Box zu locken und diese zu schließen. Sie fühlen sich sofort wohl und ruhen oder entspannen nach kurzem Jammern.

Wichtig ist, dass Sie Jammern und Kratzen nicht beachten, denn wenn Sie das tun, bestärken Sie den Hund in seinem Tun. Setzen Sie sich anfangs neben die Box und halten eine Hand an die Tür, so dass er Körperkontakt bekommt und sich sicher fühlt.

Bei langhaarigen Hunden sollten Sie darauf achten, dass die Box in einem kühlen Wohnbereich steht, da sich die Hitze sonst in der Box stauen kann und dies ein Grund sein kann, dass Ihr Hund nicht gern hineingeht.

Sollte eine Box aus verschiedenen Gründen nicht möglich sein, trainieren Sie dasselbe mit einer Decke, auf der ihr Hund liegen und ruhen soll. Er ist hier zwar nicht so stark vor Reizen geschützt, kann die Decke aber ebenfalls mit Ruhe verknüpfen. Auch die Decke kann überall mit hingenommen werden.

Platz ist in der kleinsten Hütte, wenn er nur zum Schlafen gebraucht wird.

3.2 Der Umgang mit der Angst

Kleine Welpen zeigen oft Verhaltensweisen, die Sie als Besitzer vielleicht verunsichern, weil Sie nicht wissen, wie man damit umgeht. Meistens sind das Situationen, in denen der Welpe scheinbar aggressives Verhalten wie Schnappen und Zwicken anderer Hunde oder Menschen zeigt.

Gerade Hunde aus schlechten Haltungsbedingungen, also Hunde, die potentiell zu impulskontrollgestörtem Verhalten neigen, zeigen häufiges Abwehrschnappen. Und genau darum geht es auch. Die Hunde kommen mit einer Situation nicht zurecht, sind unsicher, haben Angst und versuchen, diese auf hündische Art und Weise abzuwehren. Mit Beschwichtigungsverhalten oder Knurren bis hin zum Schnappen, wenn sie sich gar nicht mehr zu helfen wissen.

Handelt es sich um eine Situation, in der die Angst berechtigt sein könnte, weil beispielsweise andere Hunde auf Ihren Hund zugerannt kommen, schützen Sie ihn.

Gerade in Welpengruppen haben es Neulinge schwer. In schlechten Welpengruppen werden die Neuen in die Gruppe gesetzt und sich selbst überlassen. Wenn alle anderen neugierig kommen, beschnüffeln oder Ihren kleinen Hund gar überrennen, hat er nur zwei Chancen, dem auszuweichen: Er kann drohen und sich die anderen so vom Leib halten. Dadurch lernt er sehr schnell, seine Ziele mit Aggression durchzusetzen, und wird das auch in anderen Situationen nutzen. Und er kann wegrennen. Das führt dazu, dass die anderen hinterherrennen und Ihr Hund in noch größere Panik verfällt, was in der Regel auch in Aggression umschlägt.

Besser ist es hier also, zusammen mit dem Welpen in die Gruppe zu gehen, ihn anfangs an der Leine zu lassen, um ihn kontrollieren zu können und sich so hinzuhocken, dass Ihr Welpe Rückendeckung von Ihnen bekommt.

Hocken Sie sich hin und halten Sie die Arme im Halbkreis vor sich, um allzu neugierige Hunde etwas abhalten zu können. Halten Sie ihn nicht fest und lassen Sie ihm so die Möglichkeit, selbst zu gehen, wenn er neugierig wird. Sie bieten ihm so passive Sicherheit.

Sicherheit und Vertrauen in den Menschen ermöglicht dem Welpen,
sich mit der neuen Situation auseinanderzusetzen.

Er hat die Möglichkeit, seine Umwelt zu entdecken, aber auch zu Ihnen in die Sicherheit zu flüchten, falls es ihm zu unheimlich wird. Mit dieser Sicherheit im Rücken kann er gefahrloser nach vorn schauen.

Sollte Ihr Welpe zu den Hunden gehören, die sofort kläffen und schnappen, wenn ein Hund zu nah kommt, halten Sie etwas mehr Abstand von den anderen Hunden und lassen Sie Ihrem Hund ruhig auch zwei bis drei Welpenstunden Zeit, sich umzusehen und alles zu beobachten. Er wird vielleicht etwas später Vertrauen entwickeln und mitspielen, aber er wird es tun.

Wenn Sie bemerken, dass Ihr Hund Angst hat, nehmen Sie ihn nicht sofort aus der Situation heraus. Sie nehmen Ihrem Hund sonst auch die Chance zu lernen, mit seiner Angst und der Situation erfolgreich umzugehen. Hochheben und Weggehen ist nur dann nötig, wenn Sie ihn nicht anderweitig schützen können. Bleiben Sie bei ihm, bieten Sie Körperkontakt und Rückendeckung, halten Sie eventuelle Gefahren fern, aber lassen Sie Ihren Hund selbst sehen und entscheiden, ob er sich das anschauen möchte. Wegrennen und der Angst nachgeben gilt nicht.

Mit dem Hochheben des Hundes erreicht man oft das genaue Gegenteil.
Andere Hunde werden neugierig und springen. Der hochgehobene Hund kann mit
der Situation nicht umgehen und reagiert oftmals aggressiv. Ein Teufelskreis.

Ist die Angst nicht begründet, weil er beispielsweise vor der Mülltonne weglaufen will, geben Sie ihm die Möglichkeit zu sehen, dass nichts geschieht. Halten Sie ihn jedoch unbedingt so fest, dass er allein steht und keinen Zug an Halsband, Leine oder Geschirr verspürt. Sie können die Hand am Geschirr haben
und kurz festhalten, wenn Ihr Hund weg will, sobald er jedoch selbst steht, lassen
Sie sofort wieder locker. Ihr Hund lernt so, sich selbst zu vertrauen. Wenn Sie ihn
die ganze Zeit gegen seinen Willen festhalten, kann das die Panik verstärken. Ist
es anders nicht möglich, gehen Sie ein wenig weiter von der »Gefahr« weg und
beginnen von vorn.

Rennt Ihr Hund nicht gleich weg, sondern schwankt noch und geht nur nicht weiter, gehen Sie selbst zum angstauslösenden Objekt, betrachten es und atmen laut aus, während Sie ihrem Hund erzählen, dass es gänzlich ungefährlich ist. Setzen Sie sich eventuell sogar daneben und warten Sie, bis auch Ihr Hund zu Ihnen kommt. Lassen Sie ihm Zeit, sich mit der neuen Situation auseinanderzusetzen und helfen Sie ihm, indem Sie locker mit ihm reden. Zwingen Sie ihn zu nichts, denn Zwang verursacht Meideverhalten und die Angst wird größer.

Wenn nötig, machen Sie eben einen größeren Bogen um das Objekt, gehen aber langsam und bleiben auch mal stehen, um dem Hund Zeit zu geben, alles zu sehen. In keinem Fall erlauben Sie ihm jedoch, in Panik zu verfallen und wegzurennen. Halten Sie ihn fest, reden Sie locker mit ihm, gehen Sie, wenn nötig, etwas weiter weg, aber entfernen Sie sich nicht komplett. Gehen Sie erst, wenn Ihr Hund sich beruhigt hat und mit einer bestimmten Entfernung gut zurechtkommt. Sie können diese Entfernung dann Tag für Tag verkürzen.

Oft wird gesagt, dass man Hunde nicht beachten soll, wenn sie Angst haben, weil man diese Angst dann bestärken würde. Dies ist, wie jede Pauschalaussage, nur halb wahr. Ist ein Hund etwas unsicher, hat aber noch keine wirkliche Angst, scheint er also zu überlegen, ob er sich in eine Angst hineinsteigern soll, dann ist es oftmals sinnvoll, nicht auf sein Zögern einzugehen, sondern forschen Schrittes und mit einem freundlichen Ton seinen Hund zum Weitergehen zu bewegen. Dabei darf man ihn ruhig einfach an der Leine mitnehmen. In den meisten Fällen orientiert sich der Hund an Ihnen und vergisst, dass er Angst haben könnte.

Das kann zum Beispiel sein, wenn Ihr Hund sich nicht über eine Türschwelle traut. Wichtig ist dabei nur, dass Sie tatsächlich wissen, wovor er sich fürchtet. Ist es tatsächlich die Schwelle oder eher der rutschige Boden dahinter? In diesem Fall müssen Sie aufpassen, dass er durch das Rutschen auf dem Boden nicht in Panik verfällt, und bleiben lieber stehen, bis auch ihr Hund sicher allein stehen kann.

Hat Ihr Hund aber wirklich Panik, will davonlaufen oder zittert und speichelt vor Furcht, dann dürfen Sie das nicht ignorieren. Auch wenn die Angst für Sie unbegründet scheint, hat Ihr Hund einen realen Grund für sein Verhalten. Dies zu ignorieren kann sein Verhalten verschlimmern und sein Vertrauen in Sie vermindern. Reden Sie in diesem Fall also ruhig mit ihm, nicht tröstend, sondern freundlich und nett. Halten Sie ihn fest, bieten Sie Körperkontakt und Schutz, indem Sie in die Hocke gehen. Lassen Sie ihm Zeit, zu beobachten und sich zu beruhigen.

Angst kann man nicht mit freundlichen Worten oder Lob verstärken. Auch Sie werden nicht noch mehr Angst vor einer fetten behaarten Spinne haben, wenn Sie beim Betrachten ein Stück Schokolade essen. Im schlimmsten Fall verstärken Sie ein bestimmtes Verhalten, wie beispielsweise das Verbellen des angstauslösenden Gegenstandes. Die Motivation ändert sich jedoch und wenn Ihr Hund bellt, um belohnt zu werden statt aus Angst, ist das Training sehr viel schneller erfolgreich anzupassen.

Die Arachnophobie (Angst vor Spinnen) wird beim Menschen ebenfalls mit Desensibilisierung oder Gegenkonditionierung behandelt. Positive Gedanken oder Dinge in Gegenwart einer Spinne können die Angst nicht verstärken.

Vertrauensbildende Maßnahmen sind Maßnahmen, die dazu führen, dass der Hund sich an Ihnen orientiert, lernt, mit unsicheren Situationen zurechtzukommen und Probleme mit Ihrer Hilfe zu lösen. Dies geschieht, wenn Sie die Probleme Ihres Hundes, wie oben beschrieben, respektieren und zusammen lösen können.

3.3 Verknüpfte Aufregung

Überlegen Sie sich, was Ihr Welpe später in bestimmten Situationen seines Lebens für Verhalten zeigen soll.

Ein Beispiel dafür ist sein Verhalten auf und vor dem Hundeplatz. Kennen Sie die Hunde, die schon im Auto drei Ecken vor dem Platz schreiend von Fenster zu Fenster hüpfen und Herrchen oder Frauchen dann mit Gewalt und unter großem Gezeter zum Platz zerren, um wie eine wilde Hummel erst mal drei Runden zu rasen und Dampf abzulassen? Dies ist eine verknüpfte Aufregung. Häufig hervorgerufen dadurch, dass a) der Hundeplatz das einzige Highlight des Hundes in der Woche ist, b) auf dem Hundeplatz immer wie wild gespielt wird, er vielleicht sogar der einzige Ort ist, an dem der Hund überhaupt frei laufen darf, c) auf dem Platz nie Ruhe gehalten wurde.

Sie können diese Hundeplatzverknüpfung vermeiden, indem Sie vor dem Freilauf warten, bis Ihr Hund entspannt ist und auch nur entspannt wieder vom Platz weggehen. Auch Pausen zwischendrin, in denen der Hund entspannen soll, sind sehr hilfreich. Gute Welpengruppen wechseln zwischen Freilauf und Leine ab und machen viele Ruheübungen.

Erregung und Entspannung lassen sich leicht mit Situationen und Personen verknüpfen. Entspannung zwischen Hunden und auf dem Hundeplatz ermöglicht erfolgreiches Training.

Alle Hunde sind Beutegreifer und es besteht immer die Gefahr, dass Ihr Hund beginnen könnte zu jagen. Sie sollten daher auch von Beginn an darauf achten, dass Ihr Hund potentielle Beutetiere nicht mit Aufregung, sondern besser mit Ruhe verknüpft. Eine Welpengruppe mit nebenan liegendem Kaninchenstall eignet sich nicht dafür! Denn in der Gruppe wird gespielt und es entsteht Aufregung. Diese verknüpft der Hund mit dem Geruch und den Bewegungen der Kaninchen, die er unbewusst immer mitbekommt.

Besser ist es, mit der Welpengruppe einen Ausflug in den Zoo oder zu Nachbars Hühnern zu machen und dort gezielt Entspannung zu üben.

Ähnlich ist es mit dem Gassigehen. Wenn Sie nicht wollen, dass Ihr erwachsener Hund kreischend an der Tür steht, sobald Sie die Schuhe anziehen, dann vermeiden Sie jetzt, Ihren Hund zu Beginn des Spaziergangs hochzupuschen. Gehen Sie nur, wenn er ruhig ist, lassen Sie ihn anfangs an der Leine, um aufgeregtes Hin- und Hergerenne zu verhindern, belohnen Sie mit Futter das Nichtziehen und lassen ihm langsam immer mehr Raum zum Laufen.

Halten Sie ihn nicht ständig an straffer Leine, sondern halten Sie ihn kurz fest, lockern die Leine wieder und halten erneut fest, sollte er nach vorn drängen. Erst wenn er selbst auf allen Vieren stehen kann, kann es losgehen.

Schon das Losgehen lässt viele Hunde »hochfahren«. Verstärken Sie das nicht, sondern gehen Sie erst, wenn Ihr Hund sich beherrscht und warten kann..

Beobachten Sie Ihren Alltag mit Hund und überlegen Sie sich, ob es noch andere Situationen gibt, die bei Ihrem Welpen niedlich sind, bei Ihrem erwachsenen Hund aber mindestens Unmut auslösen würden. Planen Sie, was anders werden soll, und wie Sie das erreichen können.

Das gilt vor allem auch für Begrüßungsszenen von Familienmitgliedern! Steht Ihr Hund jetzt schon senkrecht, wenn Oma, Opa, Onkel, Tante zu Besuch kommen, und kreischt? Leider gibt es dafür keine Lösung, denn die Erfahrung zeigt, dass Oma, Opa, Onkel, Tante nicht belehrbar sind und den kleinen süßen Hund viel zu gern hochpuschen, statt auf Ihre Bedenken bezüglich eines 50-Kilo-Rottweilers auf Tantchens Schoß in einem Jahr einzugehen.

Also geben Sie Ihren Verwandten lieber alternative Aufgaben, um die unerwünschten Verhaltensweisen auszumerzen. Zum Beispiel können Sie ihnen Leckerchen in die Hand drücken und den Hund zeigen lassen, was er schon Tolles kann. Sie sollen also das Hundchen Sitz oder Platz machen lassen oder noch besser Steh oder Rückwärtslaufen.

Sie selbst üben mit Ihrem Hund, sich hinzusetzen, sobald ein Mensch auf ihn zukommt. Noch besser üben Sie, dass er sich hinlegt oder tot stellt, sobald jemand mit Herzchen in den Augen auf ihn zukommt. Das Signal dafür wären zum Beispiel die erhobenen Hände oder die Worte »Jöö, ist der süüüß!«

*Bei großen Hunden ist das Hinlegen auf das Signal »erhobene Hände« oft eine Hilfe,
Angst oder Aufregung beim Mensch abzubauen.*

Im Zweifel entfernen Sie sich lieber die ersten fünf Begrüßungsminuten und akzeptieren, dass Sie hier nichts tun können. Hunde lernen sehr gut, bei wem sie welches Verhalten zeigen können. Ihr Hund kann also auch lernen, dass Menschen begrüßen auf einen bestimmte Art und Weise stattfindet. Tante Hilde aber gehört eben nicht zu diesen Menschen und wird anders begrüßt.

3.4 Gute Erfahrungen ermöglichen

Natürlich wollen die meisten Welpenbesitzer für ihren Hund nur das Beste. Aber auch das wird sehr unterschiedlich definiert. Nur weil ein Hund laut kläffend dem fliegenden Ball nachrast und ihn mit hängender Zunge und großen Augen zum Besitzer zurückbringt, sind das nicht zwangsläufig gute Erfahrungen. Auch Drogensüchtige scheinen bei jedem Schuss glücklich zu sein. Eine gute Erfahrung für das Leben ist es dennoch nicht.

Vertrauen/Bindung

Eine sehr wichtige positive Erfahrung, die ein kleiner Hund machen muss, ist zu lernen, seinem Besitzer zu vertrauen. Landläufig gilt es als »gute Bindung«, wenn ein Hund häufig Kontakt zu seinem Besitzer sucht und auch ohne laute Worte zu lenken ist. Grundvoraussetzung für ein Vertrauensverhältnis ist der Respekt voreinander und das Sicherheitsgefühl. Wie wir zu Beginn erfahren haben, ist das Vorhandensein einer vertrauensvollen Beziehung sogar unabdingbar zur Vermeidung von Störungen im Hirnstoffwechsel. Grund genug, viel Zeit in diese Aufgabe zu investieren.

Sie müssen der Ankerpunkt, die Sicherheitsleine für Ihren Hund sein. Erst mit diesem Rückhalt kann ein Hund in seiner neuen Umgebung bestehen und diese selbstbewusst erkunden. Je problematischer Ihr Hund also schon zu Beginn ihrer Beziehung ist, desto wichtiger ist dieser Punkt für Sie beide. Alles andere rückt in den Hintergrund. Er muss lernen, dass er immer bei Ihnen Schutz findet, aber auch, dass alles nur mit Ihnen bzw. Ihrer Zustimmung stattfindet.

So oder so müssen Sie der Mittelpunkt der Welt für Ihren Hund werden, denn oftmals können nur Sie ihn vor sich selbst und der gefahrvollen, ihm unbekannten Umwelt schützen. Sie müssen vorausschauend handeln, erkennen, was sich entwickelt, und Ihren Hund kontrollieren und beschützen.

Vertrauen entwickelt sich aus Verständnis für die Bedürfnisse des Tieres. Lernen Sie die Hundesprache zu verstehen und entsprechend zu reagieren. Am einfachsten geht das, wenn Sie mit Ihrem Hund arbeiten. Das Trainieren verschiedenster Dinge lehrt Sie, Ihren Hund besser einzuschätzen.

Gleichzeitig gehört zur Mensch-Hund-Beziehung auch ein gewisses Abhängigkeitsgefühl. Gerade kleine Welpen suchen die Nähe Ihrer Menschen. Sie können das nutzen. Sagen Sie Ihrem Hund nicht ständig, wo Sie langgehen. Beobachten Sie ihn und ändern Sie kommentarlos die Richtung. Ihr Hund wird irgendwann merken, dass Sie nicht mehr in seiner Nähe sind und wird versuchen, Sie zu finden. Diese erste Bindung können Sie nutzen, um Ihren Hund zu trainieren, immer ein paar Hirnzellen für Sie bereitzuhalten. Er lernt so, in geringen Zeitabständen an Sie zu denken und zu schauen, wo Sie sind. Wenn Sie nun noch jede Kontaktaufnahme des Hundes belohnen, haben Sie schnell und problemlos einen Hund, der auf Sie achtet und eine leinenlose Bindung aufgebaut hat.

Was die Augen sehen, beschäftigt den Kopf.
Achten Sie mit Hilfe des Blickkontaktes darauf, dass Ihr Hund öfter mal an Sie denkt.

Übung: Kontakttraining

1 Gehen Sie mit Ihrem Welpen an der Leine spazieren und loben und belohnen Sie ihn jedes Mal, wenn er Sie anschaut oder zu Ihnen zurückkommt.

2 Schaut er nie, dann bleiben Sie zwischendurch stehen und warten ab. Dreht er sich etwas zu Ihnen um, halten Sie ein Leckerchen vor sich und loben ihn.

3 Schaut er nun häufiger, lassen Sie das Leckerchen in der Hand weg und nehmen nur den Finger vor das Gesicht. Belohnen Sie ihn dann aus der Tasche.

4 Diesen Blickkontakt können Sie nun jederzeit einfordern, bevor der Hund etwas tun darf (zum Beispiel bevor Sie die Leine lösen.)

Übung: Blickkontakt auf Signal

1 Zeigen Sie Ihrem Hund ein Leckerchen und halten es dann lang ausgestreckt neben Ihren Kopf.

2 Warten Sie, bis Ihr Hund fragend in Ihr Gesicht (oder zumindest in die Richtung) schaut und loben Sie ihn (am besten per Clicker).

3 Geben Sie ihm das Leckerchen und wiederholen Sie die Übung über mehrere Tage sechs bis sieben Mal hintereinander.

4 Hat Ihr Hund verstanden, dass er das Leckerchen bekommt, wenn er in Ihr Gesicht sieht, fügen Sie nun ein Signal hinzu, indem Sie es geben, kurz bevor der Hund Sie ansieht (beispielsweise »Schau mal!«).

5 Loben und belohnen Sie wie zuvor und wiederholen Sie ebenfalls mehrmals.

6 Geben Sie das neue Signal nun in alltäglichen Momenten, in denen Sie sicher sind, dass Ihr Hund Sie gleich ansehen wird, und loben und belohnen Sie die Ausführung.

7 Geben Sie das Signal unter immer stärkerer Ablenkung und testen Sie so, ob er es auch in schwierigeren Situationen schafft.

Vertrauen erreichen Sie, wenn Sie selbst Sicherheit ausstrahlen können. Bleiben Sie in Stresssituationen ruhig, bieten Sie Ihrem Hund Schutz (wie im Beispiel der Welpengruppe weiter oben) und zeigen Sie ihm so, dass Sie die Situation im Griff haben.

Erleben Sie Abenteuer zu zweit. Waldspaziergänge oder Ausflüge an Seen sind Erlebnisse, die zusammenbringen und ein Gefühl der Zugehörigkeit erzeugen, auch beim Hund. Wenn Sie dann noch viel Spaß miteinander haben und oft kuscheln, schaffen Sie sich Ihren Freund fürs Leben.

3.5 Ruhe lernen

Der Alltag eines kleinen Hundes wird häufig unterschätzt. Man geht in die Hundeschule und lernt dort neue Dinge. Vielleicht (oder hoffentlich) übt man diese dann auch zu Hause auf den Spaziergängen, und ab und zu bekommt der Hund auch etwas zu spielen und zu kauen für zwischendurch. Aber der Alltag ist das, was nebenbei geschieht, wenn man gar keine Zeit für den Hund hat und sich nicht mit ihm beschäftigt. Alltag ist das, was passiert, wenn man arbeiten muss und der Hund ruhig sein soll. All die Situationen, in denen der Hund Blödsinn anstellt und man nicht darüber nachdenkt, wie man reagiert. Aber genau hier wird der Hund geformt! Während man beispielsweise in der Hundeschule lernt, vom Hund wegzugehen, wenn man ihn ruft und er nicht kommt, rennt man zu Hause dem Hund immer wieder hinterher, weil er die Schuhe ankaut. Es wird geschimpft, was das Zeug hält, wenn er die Toilettenbürste durch die Wohnung schleppt, und der Hund darf vor Freude ganz wuselig werden, wenn man von der Arbeit nach Hause kommt. Es ist schwierig, sich immer wieder selbst zu ermahnen, richtig zu reagieren, aber das ist nötig, um bestimmte Probleme zu vermeiden.

Doch es gibt kleine Tricks, damit man sich nicht ständig Gedanken um die kleinen Monster machen muss:

Machen Sie Ihre Wohnung kindersicher. Wenn Sie keine Kinder haben, fragen Sie Bekannte, was das bedeutet. Es beginnt mit dem Hochstellen der Blumenkübel und geht bis zum Verstecken sämtlicher Kabel und ordentlichen Einräumen sämtlicher Schuhe. So ein kleiner Hund zwingt zur Ordnung.

Bieten Sie Ihrem Welpen Kauartikel wie gefüllte Kongs, getrocknete Hautstücke oder auch einfach größere Hölzer. Sie vermeiden so, dass Ihre Stühle und Türrahmen angenagt werden, und verschaffen Ihrem Hund ein Wohlgefühl.

Ihr kleiner Hund braucht Ruhepausen. Sie übrigens auch!

Fügen Sie Ihrem Tagesplan Zeiten hinzu, in denen Ruhe herrscht. Das heißt, dass Ihr Hund nicht hinter Ihnen herwuselt, sondern auf seiner Decke oder in seiner Box liegt und möglichst schläft, zumindest aber sich ruhig verhält. Wenn er die Box noch nicht kennt, dann binden Sie ihn zur Not irgendwo in der Wohnung an, damit er nicht umherlaufen kann. Auch wenn er anfangs jammert: Lassen Sie sich nicht erweichen, Ihr Hund braucht diese Pausen, um das Erlebte sinnvoll verarbeiten zu können. Nur durch diese Pausen und den Schlaf lernt Ihr Hund tatsächlich effektiv, was zuvor erlebt oder geübt wurde. Im Schlaf laufen im Gehirn die zuvor erlebten Situationen neu ab und können so zugeordnet und besser gespeichert werden.

Pausen sind für das Lernen deshalb unabdingbar und Sie können sie gezielt einsetzen. Auch Sie brauchen diese Pausen, um nicht ständig hinter Ihrem Welpen her zu sein, damit er nichts anstellt. Ihr Hund lernt wiederum, dass er nicht ständig der Mittelpunkt ist, was er zwangsläufig denken wird, wenn man ihn ständig im Auge haben muss.

3.6 Jobs for Dogs

Alle Hunde, aber vor allem Hunde, die zu Problemen neigen, brauchen eine vernünftige, auslastende Beschäftigung. Wer nichts tut, wer keine Probleme lösen muss, unterstützt den Abbau der eigenen Nervenzellen. Intelligenz entsteht aus dem erfolgreichen Lösen von Problemen.

> Probleme helfen uns, intelligent zu bleiben. Ohne Gehirnjogging verkümmert unsere Fähigkeit, mit Schwierigkeiten erfolgreich umzugehen.

Die richtige Beschäftigung beugt dementsprechend vielen Dingen vor. Hunde, die für spezielle Aufgaben selektiert wurden, sind natürlich mit diesen meist am glücklichsten. Allerdings hat nicht jeder Schafe oder Kühe zu Hause, ist ausgebildeter Jäger oder kann sich Zugwagen leisten. Dennoch gibt es Beschäftigungsmöglichkeiten, die auch diesen Hunden gerecht werden.

Tricks lernen alle Hund gern. Mit dem Clicker und freiem Formen wird außerdem die Intelligenz und das Nachdenken gefördert.

Möchte man Impulsivität vorbeugen, gilt es, eine Beschäftigung zu finden, die die Konzentrationsdauer stärkt und ohne hochpuschende Reiz-Reaktions-Ketten auskommt. Ballspiele, Frisbee, Agility und ähnliches sind daher absolut ungeeignet. Gleichzeitig ist zu bedenken, welche Vorlieben der Hund rassebedingt haben könnte. Jagdgebrauchshunde sind gut mit Fährtenarbeit und anderen Geruchsaufgaben auszulasten. Gleichzeitig können damit die Vorlieben der Hunde in Bahnen gelenkt werden, so dass Problemverhalten kontrollierbar wird. Ein Hund, der gelernt hat, einen bestimmten Geruch zu finden, hat mit größerer Wahrscheinlichkeit weniger Ambitionen, Rehe und Kaninchen zu suchen.

Hütehunde und Co. arbeiten gut und gern in Arbeitsbereichen, die Konzentration und Genauigkeit fordern. Obedience, Dogdancing und dergleichen sind die Sparten der Wahl. Schauen Sie in den Hundeschulen vor Ort, suchen Sie sich Seminare, die deutschlandweit angeboten werden, oder probieren Sie selbst, was Ihnen und Ihrem Hund Spaß macht. Wichtig ist, dass es sich um Hobbys handelt, die nicht mit starken und puschenden Reizen zu tun haben, die also nicht Impulsivität, sondern stattdessen Ruhe und Konzentration fördern.

Arbeit, für die der Hund ursprünglich selektiert wurde, befriedigt am ehesten. Aber nur, wenn es mit nötigem Ernst, Konsequenz, Nutzen und Gedanken an alle Beteiligten erfolgen kann. Hunde sind für die Arbeit an Schafen hilfreich, aber Schafe sind nicht ausschließlich für Hunde da.

Zusammenfassung Kapitel 3: Prävention

Prävention heißt zu verhindern, dass sich das dopaminerge Nervensystem im Gehirn zu stark vernetzt. Das erreichen Sie, indem Sie starke Reiz-Re-aktions-Ketten vermeiden. Gleichzeitig soll das serotonerge System gestärkt werden durch Aufbau einer guten Bindung und Vertrauen, durch positive Erfahrungen, die den Bau komplexer Verhaltensstrukturen ermöglichen. Der Hund lernt, mit fremden, beängstigenden Situationen selbstbewusst und intelligent umzugehen.

TEIL B

Praktische Arbeit

Arbeiten mit dem Problemhund

»Alle Probleme sehen am Anfang unlösbar aus.
Wenn man sie lösen will, muss man einfach anfangen.«

(Peter Tremayne)

4. Arbeiten mit dem Problemhund

Wie eingangs schon erläutert, spiegelt sich das Verhalten des Hundes in seinem Gehirn wider. Oder besser gesagt: Fehlverschaltungen und von der Norm abweichende Neurotransmittermengen verursachen problematisches Verhalten. Nicht immer weiß man, was zuerst da war, aber man weiß, dass die Umwelt, also unter anderem auch Sie, das entsprechende Verhalten verschlimmern oder verbessern können.

Hunde, die schnell aufdrehen, sich beim kleinsten Bisschen vor Freude überschlagen oder auch schon gefährlich gebissen haben, werden nicht zu Schlafmützen, auch wenn Sie noch so toll trainieren. (Es sei denn, es liegen schmerzbedingte Ursachen zugrunde, die komplett heilbar sind.) Aber Sie können das Verhalten Ihres Hundes verstehen lernen, lernen, dem vorzubeugen. Es lässt sich abschwächen durch Training und umlenken. Einiges ist komplett wegtrainierbar, anderes wird immer bleiben und Sie können lernen, damit umzugehen.

Ein Hund ist ein individuelles Wesen mit ganz eigenen Charaktereigenschaften, die sich im Zusammenspiel von Genetik und Umwelt ergeben. Wir können Einfluss nehmen, aber nicht alles ändern.

Aber um Ihnen Mut zu machen: Wenn Sie fit genug sind, das Training richtig umzusetzen, können Sie das Verhalten Ihres Hundes so steuern, dass Sie damit zurechtkommen und zufrieden sein können. Sie können wieder ein Team werden, und vor allem können Sie sich wieder an den Stärken Ihres Hundes erfreuen. Denn gerade die Hunde, um die es hier geht, haben viele wunderbare Eigenschaften, die das Leben mit ihnen so herrlich und abwechslungsreich macht. Vielleicht nicht unkompliziert, aber bestaunenswert und anders. Wer will denn schon normal sein?!

Bevor Sie sich also mit den nächsten Kapiteln beschäftigen, machen Sie Ihren Kopf frei von negativen Gedanken über Ihren Hund, die dort vielleicht noch stecken. Wenn nötig, gönnen Sie sich ein oder mehrere Tage Ruhe von Ihrem Hund und überlassen ihn Ihrem Partner oder der Verwandtschaft. Machen Sie etwas für sich und achten Sie darauf, mit positiven Gedanken an das Lesen zu gehen.

In den nachfolgenden Kapiteln gibt es sicherlich einige Vorschläge, die von Ihnen verlangen, alte Gewohnheiten zu ändern. Das ist nicht nur für Hunde schwer; gerade Menschen sind Gewohnheitstiere. Damit Sie letztendlich erfolgreich sein können, beginnen Sie immer mit den Dingen, die Sie selbst am einfachsten umsetzen können. Lassen Sie andere erst einmal weg, auch wenn sie als sehr wichtig eingestuft werden. Schaffen Sie sich Erfolgserlebnisse und belohnen Sie sich mit etwas Schönem. Dies ist eine ausdrückliche Trainingsaufgabe an Sie!

Erst wenn Sie sicher im Umgang mit der einen Aufgabe sind, fügen Sie weitere hinzu, auf die sie sich dann verstärkt konzentrieren. Vielleicht dauert es auf diese Art und Weise etwas länger, aber die Chance, langfristig erfolgreich zu sein, ist deutlich höher.

Starten Sie mit einer (hoffentlich) einfachen Aufgabe:

Schreiben Sie alles auf, was Sie an Ihrem Hund mögen. Versuchen Sie, auch in den aus Ihrer Sicht negativen Dingen Vorteile zu erkennen. Beispiele können sein:

- Mein Hund lernt sehr schnell (auch gute Dinge)

- Er zeigt mir deutlich, wie sehr er mich mag, indem er …

- Mein Hund ist fast immer schneller als andere Hunde

- Spaziergänge werden nie wirklich langweilig mit ihm

- Mit meinem Hund zusammen habe ich keine Angst, auch im Dunkeln rauszugehen

- Ich brauche keinen Wecker, denn mein Hund weiß, wann es Zeit ist aufzustehen (ein Waschbecken brauche ich in der Regel auch nicht …)

- Mein Hund sieht absolut niedlich /schön aus … …

Und los geht's!

4.1 Den Alltag bewältigen

Genauso wie bei der Prävention schauen Sie, wie Sie Ihren Alltag ändern können, um zu viel Stress zu vermeiden, Routine einzubauen und hochpuschende Situationen rechtzeitig zu erkennen. Im Gegensatz zum präventiven Training, bei dem man versucht, die Probleme gar nicht erst entstehen zu lassen, haben Sie es jetzt ungleich schwerer. Ihr Hund ist es ja schon gewohnt, kreischend durch die Tür zu stürzen, erst einmal alle Hunde wegzubellen oder Ihnen zu Hause ständig hinterherzulaufen. Eine Änderung dieser Verhaltensweisen bedeutet für den Hund Frust, und für eine hohe Frusttoleranz sind solche Hunde nicht eben bekannt. Auch Sie benötigen demnach eine Menge Geduld und Spucke, aber welche Erleichterung, wenn Sie durchhalten und dann eine ganze Reihe an Problemen weniger haben.

Durch einen entspannteren, strukturierten Alltag ändern sich automatisch viele Dinge. Wenn Ihr Hund nicht mehr so häufig hochfährt, ist auch sein Neurotransmitterlevel niedriger und das Gehirn gewöhnt sich daran. Er wird dadurch auch von allein nicht mehr ganz so schnell und häufig hochfahren. Bei Hunden, deren Hibbeligkeit aus Unsicherheit entsteht, hilft ein geregelter Tagesablauf, Sicherheit zu geben.

Leitplanken sagen dem Hund, was erlaubt ist und was nicht, was getan wird und wie der Tag abläuft. Und damit es für alle einfacher und für den Hund verständlich ist, gelten diese Vorgaben möglichst immer. Sie bieten dem Hund Sicherheit und dem Menschen eine Leitlinie, an der er sich entlanghangeln kann. Welche Regeln das sind, ist in jeder Familie anders. Bei manchen darf der Hund nicht in ein bestimmtes Zimmer oder nur auf die Couch, wenn seine Decke darauf liegt. In manchen Familien ist vormittags Ruhezeit und nachmittags Spielzeit; in anderen muss nach jeder Mahlzeit geruht werden oder die Mahlzeit gibt es nur nach einer bestimmten Aufgabe. In manchen Familien bekommt der

Hund etwas vom Tisch und man ärgert sich nicht über sabbernde Schnauzen auf dem Knie. In anderen Familien darf nur Tante Hilde dem Hund etwas vom Tisch geben (weil man die Tante weniger leicht erziehen kann als den Hund).

Es ist egal, welche Leitplanken Sie bauen, Hauptsache, sie sind sich ihrer sicher und können sie vermitteln. Der Besitzer, die Vertrauensperson, leitet den Hund und zeigt ihm alternatives Verhalten, wenn es angebracht ist. So lernt der Hund, seinen Alltag einzuschätzen und weiß, an wen er sich wenden muss, wenn er etwas nicht selbst einschätzen kann.

> Alltag ist das, was Sie tagtäglich ohne großen Aufwand und ohne darüber nachzudenken bewältigen müssen. Machen Sie es sich einfach.

Strukturieren Sie Ihren Tag

Bauen Sie Ruhezeiten in Ihren Tag ein, in denen Ihr Hund einen festen Platz zugewiesen bekommt. Das kann eine Hundebox sein (siehe Boxentraining) oder auch eine Decke. Damit man den Hund nicht ständig wieder auf die Decke bringen muss, kann er anfangs noch mit einer Leine am Sofa oder einem Haken in der Wand befestigt werden. Achten Sie darauf, dass das Tier von möglichst vielen Seiten begrenzt wird. Zum Beispiel durch das Sofa, einen Schrank, die Wand etc. So reduzieren Sie die Reize und er kann leichter ruhen oder sogar schlafen. Einige Hunde haben mit dieser Begrenzung ihrer Freiheit anfangs arge Probleme. Sie jaulen und zerbeißen Leinen. Um dem vorzubeugen, achten Sie auf ein vernünftiges Boxentraining und eine stabile Box.

Vermuten Sie, dass Ihr Hund zu den eher wehrigen Hunden gehört, verwenden Sie eine Gliederkette anstelle Ihrer Stoffleine. Beginnen Sie ruhig mit kurzen Einheiten. Verordnen Sie Ihren Hund Ruhe in der Box oder an der Leine und machen Sie ihn ruhig (!) los, wenn er selbst ruhig ist. Sollte er allerdings viel Radau gemacht haben und gerade eingeschlafen sein, dann lassen Sie ihn auch schlafen. Warten Sie einfach eine Weile und setzen Sie sich dann zu ihm, streicheln Sie ihn und reden Sie ruhig mit ihm und machen die Leine ganz nebenbei ab. Ihr Hund sollte später mindestens eine Stunde an einem Platz verbringen können, ohne auszurasten. Einmal am Tag bekommt Ihr Hund eine »Kuschelzeit«. In dieser Zeit, die meist am Abend stattfinden kann, streicheln und massieren Sie Ihren Hund. Sie können dabei, wie beschrieben, ein konditioniertes Ruhesignal einfügen. Durch die enge Berührung stärken Sie die Bindung zu ihrem Hund. Sie beschäftigen sich mit ihm und sind ganz für ihn da.

Es gibt einige Hunde, die das gar nicht mögen. Bei ihnen kann man ganz vorsichtig anfangen, indem man sich nur neben sie setzt und die Entfernung bis zur Berührung Tag für Tag oder Monat für Monat verkürzt. Hier gilt es, über Gewöhnung einen Körperkontakt herzustellen. Berührungen und Massagen führen zum Ausschütten von Beruhigungshormonen, die ebenfalls wieder den Hormonkreislauf beeinflussen und den Hund entspannen.

> Struktur bedeutet Kontinuität und Rhythmus. Das wiederum bringt Ruhe und Gelassenheit und hilft auch Ihnen.

Sollte Ihr Hund das überhaupt nicht tolerieren, obwohl sie es über mehrere Wochen in kleinen Schritten versucht haben, konzentrieren Sie sich erst einmal auf etwas anderes. Oft kommt der Wunsch nach Kontakt im Laufe des Trainings und der sich dabei verbessernden Beziehung. Drängeln Sie sich Ihrem Hund nicht auf, sondern gehen Sie immer nur so weit, wie es Ihnen beiden gefällt.

Ihr Hund benötigt nicht jeden Tag eine neue Spazierstrecke. Versuchen Sie mal, eine Zeitlang immer dieselbe Strecke zu gehen und währenddessen ruhige Spiele anzubieten. Sie müssen auch nicht jeden Tag etwas Neues anbieten, viele Hunde treffen oder Ihren Hund mit zum Einkaufen nehmen. All diese Dinge sind extrem aufregend und fördern impulsives Verhalten. Das Zurückfahren von vielen Reizen auf ein Minimum nennt man »sensorische Diät«. Der Hund bekommt weniger Input von außen und kann dadurch besser auf einem Ruhelevel bleiben. Dies ist wichtig, denn nur wenn ein Ruhelevel im Gehirn über längere Zeit Bestand hat, kann sich die Transmitterausschüttung wieder auf annähernd Normalmaß zurückbilden. Wachstum und Degeneration, Neubildung und Absterben erfordern immer Zeit!

Hochfahren vermeiden

Wenn Sie beginnen, sich mit den einzelnen Situationen zu befassen, die Ihren Alltag mit Hund bisher so schwer gemacht haben, dann achten Sie darauf, alle weiteren Situationen, in denen Ihr Hund sich aufregt, zu vermeiden.

Gehen Sie ihnen aus dem Weg oder lenken Sie Ihren Hund ab. Lassen Sie ihn lieber einmal öfter zu Hause, als ihn einer aufgeregten Situation auszusetzen. Denken Sie daran: Jedes unkontrollierte Hochfahren verstärkt die Impulsivität des Hundes.

Für Hunde, die in unvorhergesehenen Momenten hochfahren, haben sich Rituale bewährt. Während man jede Situation auch gezielt üben und oft gegenkonditionieren kann, gibt es Hunde, die in den verschiedensten Situationen ausrasten. Bei diesen Hunden ist der Hauptauslöser dafür nicht die Umwelt, sondern der innere Zustand. Vielleicht hat der Hund zu wenig geschlafen, zu viel oder zu wenig an bestimmten Nährstoffen zu sich genommen oder einen anderen innerlich motivierten Grund auszurasten.

Nähern Sie sich dem Problem in mehreren Schritten: Wodurch erhöht sich die Bereitschaft auszurasten? Versuchen Sie herauszufinden, was der Grund für aufgeregtes Verhalten Ihres Hundes ist.

Nahrung

Es können banale Dinge wie bestimmte Nahrungsmittel sein, auf die der Hund allergisch reagiert. Ein Hund mit starkem Juckreiz ist permanentem Stress ausgesetzt, den er durch Rasen, Bellen, Buddeln, Hochspringen oder anderes impulsives Verhalten abzubauen versucht. Manche Hunde scheinen auf Getreide so zu reagieren, andere auf Zucker, wieder andere sind allergisch auf bestimmte Inhalts- und Konservierungsstoffe.

Bei zu viel Zucker hat der Körper überschüssige Energie, die er versucht abzubauen. Allergien auf Inhaltsstoffe äußern sich durch Unwohlsein wie Jucken u.ä., das der Hund versucht loszuwerden. Eine »Gehirnallergie«, wie sie ab und an durch die Hundewelt geistert, ist bislang nicht mit Studien belegt worden. Wohl aber, dass (wie beim Menschen) das Verhalten durch Nahrung beeinflusst werden kann. Fehlen der Nahrung grundlegende Inhaltsstoffe, die der Hund benötigt, können bestimmte Proteine nicht gebildet werden, es entstehen Mangelerscheinungen oder ein Überfluss an bestimmten Zusätzen, die die unterschiedlichstem Verhaltensweisen hervorrufen können.

Ein Leben lang dasselbe Hundefutter im Napf kann einen Hund nicht allumfassend gesund ernähren. Dies äußert sich eben nicht nur in Knochendeformationen und Zivilisationskrankheiten wie Allergien etc., sondern auch in Verhaltensänderungen.

Gleichzeitig bedeutet das jedoch nicht, dass man seinen Hund nur dann gesund ernährt, wenn man jeden Zusatz penibel genau täglich neu abmisst und einrührt. Solange man nicht einmal für den Menschen zu hundert Prozent weiß, von was er wie viel und wann benötigt, um optimal zu funktionieren, brauchen wir uns bei unseren Hunden keine Gedanken zu machen. Jedes Lebewesen ist individuell verschieden, hat einen anderen Stoffwechsel und benötigt unterschiedliche Mengen unterschiedlicher Stoffe. Eine hundertprozentig angepasste Nahrung kann es nicht geben.

Deshalb heißt es beim Hund ebenso wie beim Menschen: abwechslungsreich und von jedem etwas. Im Unterschied zum Menschen ist der Hund jedoch ein Fleischfresser, was bedeutet, dass der Hauptbestandteil seiner Nahrung aus Fleisch besteht. Mit wenigen Ausnahmen ist alles an Zugaben erlaubt. Gute Bücher gibt es hierzu mittlerweile auch. Im Kapitel »Ernährung« wird das Thema noch einmal aufgegriffen.

Müdigkeit

Ein weiterer innerlich motivierter Grund kann Müdigkeit sein. Genauso wie Menschen können auch Hunde aufgrund von zu wenig Schlaf und dem entsprechenden hormonellem Zustand schlechte Laune haben oder überdreht sein. Beim Hund liegt das oftmals auch daran, dass er sein Lager an einer Stelle hat, die zu vielen Reizen ausgesetzt ist wie zum Beispiel im Eingangsbereich der Wohnung. Manche Hunde können einfach nicht abschalten. Versuchen Sie, einem solchen Hund eine reizarme Umgebung zu schaffen, zum Beispiel in einem Nebenraum. Manchmal ist es sinnvoller, ihn zu Hause zu lassen und einen Hundesitter zu engagieren, als in täglich mit zur Arbeit zu nehmen.

Besondere Erlebnisse

Hunde, die gerade ein emotional aufwühlendes Erlebnis hatten, reagieren impulsiver als sonst. Manchmal auch noch am Tag danach. Wurde Ihr Hund also gerade vom Nachbarshund angegriffen, musste er ungewohnterweise an einer Blaskapelle vorbei oder ist neben ihm ein Böller in die Luft gegangen, müssen Sie damit rechnen, dass er auch Stunden später noch auf Reize reagiert, die ihn sonst nicht interessiert haben.

In der Regel sind es vor allem negative Situationen, die den Hund auch lange danach in Alarmbereitschaft versetzen. Sie können versuchen, die Situation möglichst rasch im Kopf des Hundes mit einer positiven zu überdecken, um einen Eintritt ins Langzeitgedächtnis zu verhindern. Anekdotische Berichte zeigen, dass dies eine Möglichkeit ist, negative Langzeitreaktionen zu verhindern.

Ist Ihr Hunde zum Beispiel von einer Wespe gestochen worden, entfernen Sie möglichst schnell und ruhig den Stachel und bieten ihm ein wildes beliebtes Spiel an, zum Beispiel mit der Reizangel. Er fährt dabei (erlaubterweise) hoch, sein Körper gelangt in den positiven Adrenalinrausch und das zuvor Erlebte wird überlagert. Danach sollte der Hund jedoch sofort abgeschirmt Ruhe halten, um wieder entspannen zu können.

Kann man definieren, was der Auslöser für bestimmtes Verhalten ist, lässt sich dieser Auslöser in den meisten Fällen auch kontrollieren. Ändern Sie die Futterzusammensetzung oder gleich das ganze Futter, bringen Sie Ihren Hund dazu, genügend zu schlafen, und verhindern Sie zu häufige aufregende Situationen für Ihren Hund.

Wenn der Auslöser sich nicht genau definieren lässt, führen Sie ein Tagebuch, in dem Sie aufschreiben, was, wann, wie und wo geschah. Schreiben Sie mit auf, was vorher war und versuchen Sie, so einen Einblick zu bekommen. Arbeiten Sie sich Schritt für Schritt vorwärts und haken Sie immer erst eine Aufgabe /einen möglichen Auslöser ab, bevor Sie sich dem nächsten zuwenden. Gibt es keinen für Sie sichtbaren Auslöser, beginnen Sie gleich mit dem Training der Situation (siehe Problemtraining) oder versuchen Sie, die unerwarteten Situationen so gut es geht zu managen.

Management

Management bedeutet nichts anderes, als dass man die Situation mit dem geringstmöglichen negativen Erfolg durchquert. Das sind Situationen, die zum Trainieren für den Hund noch zu schwierig sind wie beispielsweise das enge Vorbeigehen an anderen Hunden auf einer Straßenseite oder das lange Fahren im Auto. Man macht es dem Hund so leicht wie möglich, mit dieser Situation zurecht zu kommen, und ohne weitere Aufregung die Situation zu durchqueren.

Es gibt immer Situationen, die man nicht umgehen kann, auch wenn das für ein planvolles Training die bessere Variante wäre. Für diese Situationen benötigt man Managementstrategien. Für einen Hund, der Probleme mit anderen Hunden hat, aber dennoch in diesem Moment dicht vorübergehen muss, ist Management eine Tube Leberwurst, die er in die Schnauze gedrückt bekommt, während man ihn lobend und kurz gehalten vorbeifüttert.

Für Hunde, die Licht und/oder Schatten jagen, ist es das Bedecken der Augen oder Ablenkung, um den Reiz zu vermindern. Die Hunde lernen dadurch nicht, mit der Situation umzugehen, aber man kommt schnell durch sie hindurch.

Weitere Managementmöglichkeiten finden Sie im Kapitel zum situationsbedingten Training.

Brillen, Hap Caps und andere Hilfsmittel können helfen, Reize zu vermeiden oder voneinander zu trennen und das Training erleichtern

4.2 Der tägliche Umgang

Richtiges Handling ist das A und O der Hundeerziehung (neben allen Buchstaben dazwischen). Gerade bei impulskontrollgestörten Hunden kommt es häufig zu Aggressionsproblemen, die ein sicheres Handling verhindern.

Handling bedeutet zum einen, dass der Hund sich überall anfassen und manipulieren lässt. Dies ist für tierärztliche Untersuchungen wichtig und für die normale Pflege zu Hause. Zum zweiten bedeutet Handling jedoch auch der Umgang mit dem Hund bzw. das »Halten« des Hundes.

Setzen, Stellen, Legen

Ist Ihr Hund leicht genug dafür, heben Sie ihn öfter mal hoch und halten ihn so fest, dass er nicht runterfallen kann, auch wenn er zappeln sollte. Reden Sie nett mit ihm und lassen Sie ihn als Belohnung immer erst wieder runter, wenn er ruhig hält. Ihr Hund lernt so auf effektive und einfache Weise, dass er sich beherrschen muss und ihm dann nichts geschieht. Drücken Sie Ihren Hund auch mal in die Sitzposition, indem Sie ihm vorsichtig mit sanftem Druck auf den Hintern fassen.

Jeder Hund muss lernen, auch mal auszuhalten, dass er festgehalten wird. Mit viel Lob und Belohnung ist das meist kein Problem.

Es geht hier nicht darum, dass Ihr Hund das Sitz auf Signal lernt! Sagen Sie also dieses Signal auch nicht dazu. Es geht darum, dass Ihr Hund sich von Ihnen manipulieren lässt und Sie ihn in andere Positionen bringen können. Es bedeutet auch, dass er Ihnen vertraut, wenn er Ihrem Druck nachgibt, weil er weiß, es wird ihm nichts passieren. All dies wird mit viel Lob und schöner Belohnung für Ihren Hund zu einem tollen Spiel.

Das geht vor allem mit dem Welpen, der das noch lernen soll. Bei Hunden, die damit schon nachweislich Probleme haben, muss es gesondert und in kleinen Schritten, also als Trick, trainiert werden.

Lassen Sie sich vom Tierarzt zeigen, wie Sie Ihren Hund gefahrlos auf die Seite legen und fixieren können und üben Sie das ab und an mit viel Freude und Ruhe.

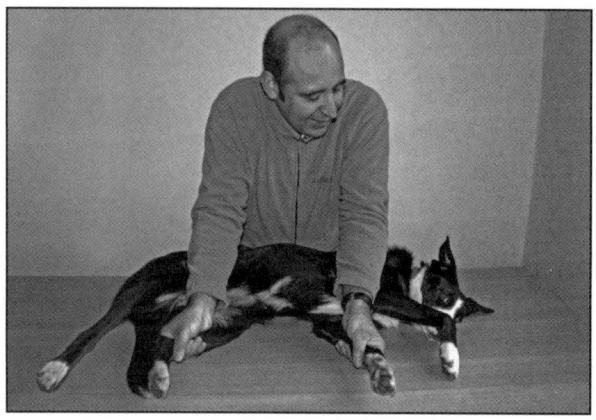

Hat der Hund gelernt, dass ihm beim Fixieren nichts geschieht,
ist auch die Behandlung beim Tierarzt meist stressfreier.

Sicherlich wird das Hinlegen dem Hund am Anfang nicht gefallen, und ja, Sie können es auch als Trick aufbauen. Manche Dinge muss der Hund jedoch auch einfach zu akzeptieren lernen, und er muss Ihnen vertrauen. Das Hinlegen ist ein schönes Beispiel dafür. Passen Sie jedoch auf, dass es nicht in einen Kampf ausartet, denn dann erreichen Sie genau das Gegenteil. Seien Sie ruhig auch mal rigoros und forsch und halten Sie gut fest. Wenn Sie dabei nett mit Ihrem Hund sprechen, sich Zeit nehmen und er merken kann, dass ihm nichts passiert und er wieder freikommt, sobald er sich beruhigt, haben Sie eine weitere gute Übungseinheit hinter sich.

Im Übrigen ist diese rigorose Sicherheit, die Männer oft ausstrahlen ein Grund, warum manche Hunde bei manchen Männern besser »funktionieren« als bei Frauen. Zu oft sind Frauen zu unsicher in dem, was sie tun, und verunsichern damit ebenso Ihren Hund. Gehören Sie auch zu diesen Frauen, dann trainieren Sie das Hinlegen eben als Trick.

Oft ist es erfolgreicher,
mit Sicherheit etwas Falsches zu tun, als unsicher das Richtige.

Gerade wenn Sie Kinder haben, können Sie mit Ihrem Hund üben, dass ein kurzes Ziehen am Ohr oder Schwanz nicht zum Schnappen führen muss. Das ist wichtig, denn je mehr Mitglieder die Familie hat, desto eher kann es passieren, dass man den Hund aus Versehen anstößt oder ein Kind ihn am Ohr zieht. Natürlich sollte das nicht passieren, es kann aber eben passieren, und deshalb ist Prävention alles.

Wenn Ihr Hund mit der Manipulation »Hinlegen« schon Probleme hat, dürfen Sie sie natürlich auf gar keinen Fall durchsetzen wie oben beschrieben. Sie würden Ihren Hund nur weiter verunsichern und im schlimmsten Fall aggressives Verhalten auslösen. In diesem Fall machen Sie einfach einen Trick daraus und üben es Schritt für Schritt.

Übung: Manipulation aushalten

1 Berühren Sie Ihren Hund ab und an mit Ihrem Fuß oder Bein und geben Sie ihm gleichzeitig ein tolles Leckerchen.

2 Halten Sie das Ohr Ihres Hundes in der Hand und beginnen Sie vorsichtig zu ziehen, gerade so, dass es nicht wehtut. Füttern Sie gleichzeitig.

3 Wiederholen Sie das mehrmals über mehrere Tage hinweg, bis Ihr Hund sich freut, dass er leicht am Ohr gezogen wird. Nun können Sie die Intensität verstärken und auch an anderen Körperteilen üben.

Selbst Spritzen geben, Tabletten verabreichen und sonstige unangenehme Dinge kann man auf diese Weise schön trainieren.

Achten Sie immer darauf, in so kleinen Schritten zu arbeiten, dass Ihr Hund gern mitmacht und ihm Ihre Manipulation nicht unangenehm ist.

Kleine Kinder testen gern mal aus, wie weit man gehen kann. Hunde, die das kennen und toll finden, stellen eine geringere Gefahr dar.

Handling an der Leine

Zum Handling gehört auch die richtige Reaktion auf das Ziehen an der Leine. Zum einen müssen Sie Ihrem Hund natürlich beibringen, locker an der Leine zu laufen. Dafür gibt es jedoch ebenfalls gute Bücher und es wir hier nicht Thema sein. Zum anderen neigen gerade impulsive Hunde dazu, auch mal in die Leine zu beißen, hineinzuspringen oder sich sonstwie zu verheddern. Hier kann man wundervoll Impulskontrolle im Alltag üben.

Nutzen Sie die Leine ausschließlich als letzten Rettungsanker, wenn Ihr Hund nicht auf Sie hört und sich nicht selbst beherrschen kann. In allen anderen Fällen ist die Leine für Sie unsichtbar, und genauso sollten Sie auch handeln. Leiten Sie Ihren Hund durch Worte und Gesten und auf keinen Fall durch die Leine!

> Üben, nicht bändigen! Ihr Hund muss es selbst schaffen, statt durch Sie gehalten oder gar gezwungen zu werden.

Unterscheiden Sie zwischen Übungssituationen, also Situationen, in denen Sie üben, was Ihr Hund später tun soll, und Situationen, die Sie einfach bewältigen müssen, die für Ihren Hund aber noch zu schwer sind.

Ihr Ziel muss sein, dass Ihr Hund lernt, Sie immer wieder kurz anzuschauen und locker an der Leine zu gehen, bis Sie ihm erlauben, was immer er möchte – oder Sie ihn belohnen und die Übung beenden.

Um das zu schaffen, brauchen Sie Übungssituationen, die Sie selbst mit Hilfe anderer stellen oder die Sie aufgrund der räumlichen Gegebenheiten beeinflussen können (Entfernung zum Gegenüber etc.)

Für alle anderen Situationen benötigen Sie einen Notfallplan, damit Ihr Hund nicht etwas lernt, das Sie nicht wollen. So können Sie Ihren Hund beispielsweise ablenken, während ein anderer Hund vorbeigeht. Eine gefüllte Futtertube oder eine Handvoll toller Leckerchen vor der Hundeschnauze reichen da oft. Müssen Sie direkt am anderen Hund vorbei und Kontakt ist nicht erwünscht, nehmen Sie Ihren Hund möglichst kurz und gehen schnell am anderen Tier vorbei. Oder aber Sie drehen um und gehen einen anderen Weg. Wenn Sie

Ihren Hund kräftemäßig nicht gut halten können, dann nutzen Sie ein Halti als Alternative. (siehe »Management«)

In Übungssituationen können Sie wunderbar trainieren und die Anforderungen an Ihren Hund Schritt für Schritt steigern. Beginnen Sie damit, dass Ihr Hund lernt, dass er das, was er haben möchte, nur bekommt, wenn er Sie anschauen kann und die Leine locker ist. Beginnen Sie in einer Entfernung, in der Ihr Hund das noch schafft.

Übung: Locker auf andere Hunde zu

1 Stellen Sie sich mit Ihrem Hund an der Leine so, dass er den anderen Hund sieht und hinmöchte.

2 Halten Sie die Leine fest, lockern Sie sie jedoch immer wieder bis Ihr Hund auf seinen eigenen Beinen steht. Zu reden brauchen Sie hierbei nicht.

3 Steht er allein, sprechen Sie ihn mit seinem Namen an.

4 Schaut er Sie an, loben Sie ihn und belohnen ihn, indem Sie ihn entweder ableinen und hinrennen lassen oder selbst schnell mit ihm hinlaufen. (Natürlich ohne straffe Leine, also müssen Sie wahrscheinlich selbst rennen.)

5 Gehen Sie beim nächsten Versuch mit Ihrem Hund ein Stück auf den anderen Hund zu. Sobald Ihr Hund zieht, gehen Sie wieder zurück. Um eigenes Ziehen zu vermeiden, sprechen Sie Ihren Hund dabei an und belohnen ihn sofort mit einem »Ja« bzw. Click und dem Lösen der Leine, wenn er es schafft, einen Meter an lockerer Leine zu gehen.

6 Dehnen Sie auf diese Weise die Dauer aus, die Sie an lockerer Leine auf den anderen Hund zugehen.

Übung: Nicht in die Leine beißen

Manche Hunde sind kleine Krokodile. Bei jeder Art von Frust kauen Sie irgendwo drauf herum. Oft sind das Schuhe oder Sachen des Besitzers, meist aber auch die Leine. Dies kann zu einem wahren Machtkampf ausarten und zu einer großen Anzahl neuer Leinen für den Hund. Verhindern Sie das Leinenkauen von Beginn an.

1 Sobald Ihr Hund beginnt, in die Leine zu beißen, nehmen Sie die Leine so kurz, dass er nicht mehr daran kommt und sagen ein unwirsches »Lass es!«. Zur Not halten Sie ihn am Halsband fest. Damit er sich auch dort nicht dreht und windet oder Ihnen in die Arme beißt, greifen Sie das Halsband unter dem Kinn.

2 Halten Sie ihn solange fest, bis er sich nicht mehr windet. Dann lockern Sie den Griff etwas.

3 Greifen Sie sofort wieder zu, wenn er erneut beginnt, zu knabbern und beißen und lockern Sie, sobald er sich beruhigt.

4 Steht er ruhig auf seinen eigenen Beinen, lassen Sie das Halsband los und halten nur noch die Leine.

5 Wiederholen Sie diese Griffe sofort und jedes Mal, wenn Ihr Hund Ansätze zeigt, in die Leine zu beißen. Achten Sie darauf, zuerst »Lass es!« zu sagen, damit es später ausreicht, dieses Signal zu geben, ohne handgreiflich zu werden.

*Greifen Sie so in Halsband und Leine, dass Sie mit Ihrem Arm den Kopf
von sich weghalten können. Bleiben Sie ruhig und auf der Stelle stehen und warten Sie ab.*

Tun Sie ihm nicht weh, sondern halten Sie ihn nur so, dass er Sie nicht verletzen und die Leine nicht erreichen kann. Zügeln Sie Ihre eigenen Emotionen.

Um das alles zu üben und die Beherrschung des Hundes zu trainieren, bleiben Sie öfter mal im Alltag mit Hund an der Leine stehen. Zum Beispiel, um mit Ihrem Nachbarn zu reden oder in ein Schaufenster zu sehen. Dies sind in der Regel langweilige Situationen für den Hund, an die er sich jedoch gewöhnen muss. Hier lernen Sie auch, welches Verhalten Ihr Hund bei Frust zeigt, und können darauf entsprechend reagieren.

Übung: Bleib locker!

Wie schon vorher oft beschrieben, ist ein Pfeiler der Selbstkontrolle der, dass man auf eigenen Füßen stehen kann. Und dies ist nicht im übertragenen Sinne gemeint! Ein Hund, der stets würgend auf zwei Beinen in der Leine hängt, hat keine Selbstkontrolle, und noch weniger hat der Besitzer Kontrolle über seinen Hund.

Dasselbe gilt für Hunde, die ihr Körpergewicht die meiste Zeit des Tages nach vorn verlagern, weil sie beispielsweise durch die Tür drängen, an einem vorbei drängeln, zu anderen Hunden hinrasen u.a. Ein Hund muss lernen, ruhig mit dem Körpergewicht in der eigenen Körpermitte zu stehen, auch wenn er angespannt ist.

Und hier lernt wie immer vor allem der Halter, der auf keinen Fall ein »Fest-Halter« sein darf, sondern wirklich nur ein »Halter«. Denn Sie sollen die Leine nur halten und nicht mit der Leine den Hund festhalten. Beginnen Sie damit so früh wie nur irgend möglich, denn eingeschliffene Verhaltensweisen sind beim Menschen selbst am schwierigsten zu kontrollieren. Ziel ist es, die Leine zwar in der Hand zu haben, aber nicht spüren zu müssen.

1 Wenn Sie sich schon zu sehr daran gewöhnt haben, die Leine straff zu halten, dann binden Sie sie sich um den Bauch oder an ein Bein. Das neue unangenehme Gefühl hilft Ihnen, darauf zu achten, dass die Leine locker ist.

2 Lockern Sie die Leine jedes Mal, wenn sie sich strafft. Allerdings nicht nur, indem Sie nachgeben. Denn dann kommt Ihr Hund immer weiter nach vorn und erreicht das, was er durch das Straffen der Leine vorhat.

3 Ist die Leine Ihres Hundes straff, dann ziehen Sie ihn fünf cm (!) zurück und lockern die Leine sofort wieder. Ihr Hund soll weder Schmerzen spüren noch meterweit nach hinten geschleudert werden. Es geht nur darum, an derselben Stelle zu bleiben und die Leine wieder lockern zu können.

4 Wiederholen Sie das so oft, wie es nötig ist, damit Ihr Hund locker stehenbleibt. Das kann anfangs zehn- bis zwanzigmal der Fall sein. Sie dürfen jedoch auch beim 34. Mal nicht schimpfen oder rucken, sondern nur die Leine wieder leicht lockern.

Trainieren Sie sich, tatsächlich immer so zu reagieren, wenn sich die Leine strafft, indem Sie sich von Freunden beobachten und hinweisen lassen, wenn Sie eine straffe Leine nicht selbst bemerken.

Wenn Sie mal keinen Nerv dafür haben oder es anderweitig nicht möglich ist, dann machen Sie Ihrem Hund lieber ein Geschirr um oder führen ihn am Halti. So kann er zumindest nicht lernen, am Halsband zu ziehen.

Rucken Sie nicht und schimpfen Sie nicht! Es geht nicht darum, den Hund zu bestrafen. Sie müssen nur die Situation etwas umgestalten, um die Leine wieder zu lockern. Das geht nur, wenn Ihr Hund wieder ein Stückchen in Ihre Richtung kommt. Sie könnten Ihren Hund natürlich auch zurückrufen. Hierbei ist jedoch die Gefahr groß, dass Ihr Hund lernt, Aufmerksamkeit zu bekommen, wenn er die Leine strafft. Durch das leichte Zurückziehen und wieder Lockern, hat Ihr Hund eine direkte Information: In diesem Umkreis kannst du locker stehen. Gehst du weiter, wirst du gestoppt.

Zusammen gefasst: Bei all diesen Übungen lernt der Hund, sich selbst zusammenzunehmen, sich zu beherrschen und auf den eigenen Beinen zu stehen. Das ist wichtig, um bei auftretenden Problemen nicht sofort auszurasten, und es spiegelt sich auch im Gehirn wider. Ein Hund, der sich beherrschen kann, bekommt zum einen sehr viel seltener Probleme, zum anderen lassen sich auftretende Probleme einfacher lösen. Sie arbeiten also schon präventiv an noch nicht vorhandenen Problemen.

4.3 Trainingsgrundlagen

Hunde verknüpfen Dinge, die kurz nacheinander geschehen. Ins Langzeitgedächtnis gelangen sie durch häufige Wiederholungen und durch den Eindruck, den die Konsequenz hinterlässt. Je stärker Gefühle beteiligt sind, desto stärker dieser Eindruck. Eine sehr emotional gefärbte Situation braucht demnach nur einmal oder wenige Male geschehen, um im Langzeitgedächtnis gespeichert zu werden. Emotionen spielen eine große Rolle beim Lernen und können einige Wiederholungen der Übung überflüssig machen.

Gern lernen

Schon deshalb ist es wichtig zu wissen, was der eigene Hund sehr gern mag und was für ihn eine angemessene Strafe ist. Machen Sie sich auch hierfür eine Liste, die Sie gezielt für das Training zu Rate ziehen können. (siehe Anhang)

Grundlegend wichtig ist zu wissen, dass Lebewesen freiwillig am besten und leichtesten lernen. Training unter Zwang und schlechter Laune ist von vornherein zum Scheitern verurteilt. Das liegt am steigenden Stresshormon, was die Gedächtnisbildung verhindert. Man erreicht, wenn überhaupt, nur einen kurzfristigen Erfolg, aber keinen langanhaltenden Lerneffekt.

Für den Hund unangenehme Dinge können also nur dann zum erhofften Erfolg führen, wenn a) der Hund etwas unterlassen soll und b) er eine Alternative hat. Einfaches Unterlassen ist nicht möglich, wenn der innere Druck zu groß ist. Der innere Druck wiederum ist in der Regel die instinktive Antwort auf einen Reiz, der nicht einfach durch Strafe unterbunden werden kann.

> Lernen bedeutet also, immer zu wissen, was genau der Hund in welcher Situation tun soll, und Ihre Aufgabe ist es, ihm das vernünftig und in Zusammenarbeit zu vermitteln.

Lernen hängt mit der Ausschüttung von Dopamin zusammen. Schnell erregbare Hunde verknüpfen oft schneller Dinge, an die man gar nicht denkt. Sie gelten auch als so genannte Verhaltenskettenbildner. Das bedeutet, sie verknüpfen oft mehr als zwei Dinge miteinander und scheinen bestimmte Dinge zu durchschauen. Typisches Beispiel ist das Training des Superpfiffes. Ein Pfiff, den der Hund mit einer Riesenbelohnung wie Leberwurst aus der Tube verknüpfen soll. Er wird vor allem erfolgreich eingesetzt, um Hunde vom Hetzen abzurufen. Es gibt jedoch immer wieder Hunde, bei denen pfeift man mit anschließender Belohnung einmal und er weiß, dass in der Nähe etwas Hetzbares sein muss. Sie haben den Pfiff mit der Sichtung des Hasen verknüpft. Das Hetzen hat einen solch hohen emotionalen Stellenwert, dass wenige Versuche reichen für eine Verknüpfung.

Diesen Hunden immer einen Denkschritt voraus zu sein, ist nicht einfach und geht meist nur mit intensivem, nahezu perfektem und sich wiederholendem Training. Machen Sie sich also so schnell wie möglich schlau und tauchen sie ein in die Intelligenzwelt Ihres Hundes.

Timing

Sie müssen bei schnell lernenden Hunden immer noch ein wenig schneller sein. Das gilt sowohl für das Erwischen des richtigen Zeitpunkts der Belohnung oder der Bestrafung als auch für das Erkennen von Situationen. Sie werden nicht umhin kommen, anfangs Situationen zu vermeiden bzw. abzubrechen. Je schneller Sie Probleme erkennen und vermeiden können, desto leichter kommen Sie da heraus. Beobachten Sie also Ihren Hund gut und lernen Sie, zu erkennen, was er denkt. Ein guter Hundetrainer kann Ihnen dabei helfen.

Der richtige Zeitpunkt für konditionierte Belohnung oder Strafe ist der Moment, in dem Ihr Hund gerade genau das beginnt, was Sie belohnen oder bestrafen wollen.

Schaut Ihr Hund also in Richtung Tisch, auf dem in seiner Reichweite das Wurstbrötchen liegt, beobachten Sie ihn. Beginnt er seine Nase nach vorn zu schieben, um zu schnüffeln, ist das der Moment eines konditionierten Abbruchsignals wie »Lass es!«

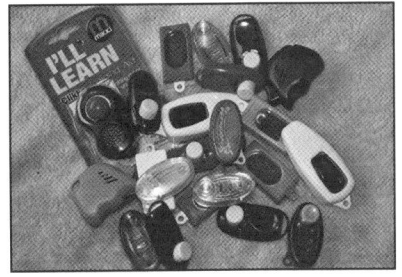 Genauso ist es mit dem Zeitpunkt des richtigen Belohnens. »Du kriegst, was du clickst« ist ein geflügeltes Wort, dass besagt, dass dasjenige Verhalten häufiger auftreten wird, das man geclickt, also belohnt hat. Da es sich bei vielen Dingen, die man verstärken möchte, um Verhaltensweisen handelt, die nur sehr kurz gezeigt werden, benötigen Sie ein Brückensignal, dass den Moment markiert und dem Hund sagt, wofür er jetzt eine Belohnung bekommt. Der Click des Clickers ist wie der Auslöser des Fotoapparates. Dass, was Sie auf dem Bild sehen, ist das, was Sie belohnt haben.

Setzen Sie Ihr Belohnungssignal also sehr genau und überlegt ein und entscheiden Sie sich am besten für den Clicker. Literatur dazu finden Sie im Anhang.

Strafe

Es ist wichtig, ein Signal zu haben, dass den Hund innehalten lässt. Dies ist mit einer Strafe verknüpft, um zu wirken. Welche Strafe Sie nehmen, hängt von Ihrem Hund ab. Manche Hunde brechen schon unter einem bösen Blick zusammen, anderen macht auch eine neben ihnen zu Boden fallende klirrende Kette nichts aus. Wichtig ist, dass eine Strafe etwas ist, was das Verhalten in Zukunft weniger auftreten lässt. Ignorieren ist beispielsweise eine sehr harte Strafe, die jedoch nicht in jeder Situation sinnvoll ist. Wenn Ihr Hund Ihren Garten umbuddelt, wird er sich durch Ihr Ignorieren davon nicht abbringen lassen. Möchte er Sie jedoch begrüßen und kann sich dabei nicht beherrschen, ist das Ignorieren eine sehr wirksame Methode.

Strafe kann auch sein, dem Hund etwas vorzuenthalten, was er gerne hätte. Leckerchen oder die Begrüßung eines Freundes sind solche Dinge. Solange er ein gewünschtes Verhalten nicht ausführt, bekommt er die anvisierte Belohnung eben nicht. Sie können ganz ruhig mit der Leine in der Hand danebenstehen und abwarten, bis Ihr Hund wieder klar denken kann und tut, was Sie von ihm möchten. Erinnern Sie ihn in ruhigem Ton.

Achten Sie bei der Wahl Ihrer Strafe auf Verhältnismäßigkeit und vor allem Tierschutz. Körperliche Züchtigung ist tabu. Nicht nur, weil es erfolgreichere Methoden gibt, sondern auch, weil ein Hund im Zweifelsfall immer stärker ist als sein Mensch und Recht hat, wenn er sich gegen zugefügte Schmerzen zur Wehr setzt. Gerade bei Hunden, die Probleme mit der Impulskontrolle haben, führt körperliches Strafen zudem zu sehr starkem Stress und verschlimmert damit das Problem. Das gilt im Übrigen auch für die konditionierte Strafe ohne körperliche Züchtigung. Ein hartes Wort, ein Nichtbeachten steigert ebenfalls den Stress.

Hier ist es an Ihnen, den Spagat zu schaffen zwischen dem Abbrechen eines Verhaltens, damit nichts Schlimmeres passiert, und dem Vermeiden von noch mehr Stress. Dennoch muss der Hund lernen, mit einem bestimmten Stresspegel, vor allem mit Frust, umzugehen. Auch deshalb ist es so wichtig, die Lerngesetze zu kennen und in kleinen, erfolgreichen Schritten zu arbeiten.

....

Exkurs

Eine Strafe ist immer nur dann sinnvoll, wenn sie mit einem Signal verknüpft wird. Der Hund muss immer die Möglichkeit haben, falsches Verhalten selbst zu korrigieren. Studien dazu haben gezeigt, dass nur die konditionierte Strafe einen langfristigen Erfolg bringen kann. Reines Strafen ohne die Möglichkeit, das Verhalten selbst zu korrigieren, führt lediglich zu einem erhöhten Stresslevel, der über längere Zeit anhält. Also genau das, was der impulsive Hund nicht gebrauchen kann.

Eine Strafe ist weiterhin nur sinnvoll, wenn Sie wissen, was der Hund anstelle von dem, was Sie ihm verbieten, tun soll. Bleibt der Reiz, der den Hund zu seinem Tun verlockt hat, bestehen, wird er wieder falsch reagieren. Geben Sie ihm ein alternatives Signal, das dazu führt, dass der Hund den Reiz nicht mehr sieht, kann das Verhalten auch langfristig verbessert werden.

....

Übung: Das Abbruchsignal

Der erste Teil des Trainings erfolgt über Frust. Dadurch haben Sie einerseits die Möglichkeit, einschätzen zu können, wie viel Frust Ihr Hund aushalten kann und wie er darauf reagiert. Andererseits laufen Sie nicht Gefahr, einen gestressten, gefrusteten Hund am Ärmel hängen zu haben. Steigern lässt sich das später immer noch. Gleichzeitig eröffnen Sie ihm mit diesem Schritt sofort auch eine alternative Möglichkeit. Er bleibt also nicht in seinem Frust stecken, sondern kann sich auf die positive Alternative konzentrieren. Dies ist sehr wichtig für Ihren Hund, um zu lernen, andere Lösungen zu finden. Ihr Hund lernt so also, optimistisch zu denken. Sie sollten das auch mal probieren!

1 Stellen Sie sich vor Ihren Hund. Je ein Leckerchen in beiden Händen, die Sie oben am Körper halten (weitere Leckerchen in Reichweite).

2 Geben Sie ein Signal für das erlaubte Nehmen (»Nimm's«) und führen Sie erst danach (!) Ihre rechte Hand nach unten zum Hund, wo er das Leckerchen fressen darf.

3 Wiederholen Sie das drei- bis viermal mit derselben Hand.

4 Geben Sie nun ein deutliches Abbruchsignal (»Lass das!«), führen dann Ihre Hand nach unten, ballen diese aber zur Faust, sobald er daran geht. Ihr Hund darf nicht an das Leckerchen darin kommen.

5 Wiederholen Sie Ihr Signal mehrmals, bis Ihr Hund aufhört zu lecken oder zu kratzen und entweder wegschaut oder zurückgeht oder anderweitig kurz zeigt, dass er nicht weiter versucht, an das Leckerchen zu kommen.

6 Im selben Moment loben Sie ihn und halten ihm sofort die zweite Hand nach unten. Er muss den Kopf von der ersten Hand wegdrehen und zur anderen hingehen, um dort die Belohnung zu bekommen.

7 Wiederholen Sie das noch zwei- bis dreimal. Dann wiederholen Sie Schritt 1 bis 3, bevor Sie erneut das Abbruchsignal testen.

8 Ihr Hund hat das Abbruchsignal dann verstanden, wenn er nicht mehr an Ihre Hand geht, sobald er es hört, sondern sich sofort zur anderen Seite wendet und auf das Leckerchen in dieser Hand wartet.

9 Im nächsten Schritt lassen Sie das Leckerchen nach Ihrem Abbruchsignal auf den Boden fallen und stellen zur Not einen Fuß darauf,

10 werfen Sie das Leckerchen etwas weiter weg,

11 gehen Sie an einer Hilfsperson vorbei, die das Leckerchen in der Hand hält,

12 suchen Sie andere Situationen auf, in denen ein Verhalten abgebrochen werden soll.

Denken Sie immer daran, dem Hund eine Tür für ein alternatives Verhalten offen zu halten. Sei es die andere Hand, die Futter bietet, oder auch ein gut bekanntes Signal, welches er sofort nach dem Abbruchsignal bekommt und ausführen soll (Hinsetzen, Herkommen etc.).

Bei sehr hartnäckigen Hunden, die tatsächlich nicht von selbst auf die Idee kommen, sich von der Hand abzuwenden, kann man seine Nase mit der geschlossenen Faust auch ein wenig wegschieben und gleichzeitig die andere Hand in das Blickfeld des Hundes bringen.

Geben Sie Ihrem Hund immer (!) die Chance, ein alternatives Verhalten auszuführen, denn sonst bleiben der Reiz und die entsprechende unerwünschte Reaktion als Kette immer wieder bestehen.

Klappt die Übung gar nicht, machen Sie sie noch einfacher.

Sobald Ihr Abbruchsignal kommt, bleibt die geschlossene Faust unten und die andere Hand führt den Hund mit einem Leckerchen von der Faust weg. Er darf es fressen. Statt also zu warten, bis der Hund selbst eine Alternative sucht, geben Sie sie durch die andere Hand vor.

Richtig belohnen

Genauso wichtig ist ein konditioniertes Lobwort. Das kann ein gesprochenes Wort sein oder der Clicker. Bei einigen Hunden ist der Clicker jedoch mit zu viel Freude verbunden. Sie hören den Clicker und man sieht förmlich das Dopamin und Adrenalin aus den Augen tropfen. In diesem Fall ist ein normales Wort besser als der Clicker. Der konditionierte Marker soll in diesem Fall nur ein Kommunikationsmittel sein und nicht die Belohnung durch Ausschütten von Dopamin ersetzen.

Wenn Ihr Hund zu sehr aufdreht, sobald er meint, es gibt Leckerchen, achten Sie darauf, weniger gute Leckerchen zu geben und diese nicht zu werfen oder andere plötzliche Bewegungen zu machen. Lassen Sie es ihn vorsichtig aus Ihrer Hand nehmen. Manche Hunde schnappen sehr, wenn sie aufgeregt sind. Dies zu beherrschen gehört ebenfalls zur Impulskontrolle.

Übung: Schnappen vermeiden

Das Ziel ist, dass der Hund lernt, das Futter schmerzfrei für seinen Besitzer aus der Hand zu nehmen.

1 Nehmen Sie das Lekkerchen zwischen Daumen auf der einen und Zeige- und Mittelfinger auf der anderen Seite. Ihr Hund kann daran lecken, es Ihnen aber nicht herausnehmen.

2 Halten Sie es ihm so vor die Nase. Sobald Sie seine Zähne spüren, sagen Sie laut »Au!« und drehen die Hand einmal zur Seite. Nicht wegziehen, nur zur Seite nehmen!

3 Lassen Sie ihn ruhig daran lecken und knabbern. Er bekommt es jedoch nur in dem Moment, in dem Sie keine Zähne, sondern ausschließlich die Zunge spüren. Das können Sie mit verbalem Lob unterstützen.

4 Wenn es zu sehr weh tut, dann tragen Sie anfangs Handschuhe dabei. Sie spüren dann jedoch nicht, ob er die Zähne nutzt oder nicht, weshalb Sie genau hinsehen müssen.

Oft können Sie die extreme Erwartungshaltung auf kommendes Futter vermeiden, wenn Sie alltägliche Dinge, die Ihr Hund gern tut, als Belohnung einsetzen. Machen Sie sich eine Liste mit Dingen, die ihr Hund gern macht und/oder hat. Unterteilen Sie diese in »aufregende Dinge« und »ruhige Dinge« (siehe Anhang).

Richtig belohnen ist eine Kunst, die beherrscht werden muss, um schnelle Trainingserfolge zu erzielen. Wenn Sie nicht wissen, womit Sie belohnen können, der Hund kein Futter nimmt und Spielzeug nicht mag, dann fragen Sie sich, was genau Ihr Hund in just diesem Augenblick wirklich möchte. Genau das ist die Belohnung, die Sie nutzen können.

In einigen Fällen kann diese Belohnung nicht gegeben werden, zum Beispiel, wenn es um Jagdverhalten geht. Jogger zur Belohnung jagen geht einfach nicht. Dann muss eine Alternative her, die ähnlich ist. Im Fall des Joggers beispielsweise das gemeinsame Rennen in die andere Richtung.

Bedenken Sie bei der Suche nach der richtigen Belohnung, dass für Hunde das gemeinsame Tun einen sehr hohen Stellenwert hat, auch wenn es anfangs nicht so scheint. Hunde sind soziale Tiere und arbeiten immer lieber mit ihrem Menschen zusammen, als allein etwas zu tun. Nur muss diese Zusammenarbeit auch den Interessen des Hundes entgegenkommen. Gemeinsam einer alten Spur der Nachbarshündin zu folgen ist eine wirklich großartige Belohnung!

Ein Hund, der geifernd in der Leine hängt, möchte nicht zwangsläufig beißen. Überlegen Sie genau, weshalb er tut, was er tut. In den meisten Fällen möchte er den Abstand vergrößern und versucht es durch Abschreckung des Gegners. Sie können das nutzen, indem Sie selbst als Belohnung für richtiges Verhalten den Abstand aktiv vergrößern.

Ein Dummy suchen und finden ist eine tolle Belohnung.
Vor allem, wenn es dann daraus noch Futter gibt.

4.4 Allgemeine Impulskontrollübungen

Es gibt viele Übungen, die dazu dienen, die Selbstkontrolle zu verstärken. Sie müssen nicht zwangsläufig direkt mit dem Problem zu tun haben, das man mit seinem Hund hat. Aber sie dienen dazu, die Beherrschtheit des Hundes zu trainieren, was dazu führt, dass er auch in Problemsituationen besonnener handeln kann. Hunde, die sich selbst kontrollieren können, sind angepasster und haben weniger Probleme in unserer Gesellschaft.

Allgemeine Übungen, um die Selbstbeherrschung zu trainieren, fangen schon beim Welpen an. Sie sind unterteilt in die Bereiche Spannung halten, zur Ruhe finden, Kontrolle bei starker Erregung und Gewöhnung an Reize. In den meisten Fällen verläuft das Training über das Halten der Spannung zum Ruhigwerden in der jeweiligen Situation. In einigen Fällen wird die Lösung das Halten der Spannung sein, in anderen Fällen kann man gleich Ruhe trainieren.

Spannung halten ist Körperbeherrschung

Spannung halten bedeutet, dass der Hund trotz großer Aufregung, trotz Nervosität und dem Bedürfnis »herauszuplatzen« sich zusammennehmen kann, diese Bedürfnisse beherrscht und nach außen hin ruhig wirkt. Es ist wichtig, dieses Verhalten von tatsächlicher Ruhe abzugrenzen, denn ihm unterliegen verschiedene Motivationen, die wiederum verschiedenes Verhalten nach sich ziehen kann.

Hunde können gelernt haben, sich zu beherrschen, weil sie Ärger aus dem Weg gehen wollen oder um sich zu belohnen.

Beispiel: Der Hund hat gelernt, dass er Ärger mit dem Besitzer bekommt, wenn er einen näherkommenden Hund fixiert oder anbellt. Er beherrscht sich, sieht für den Besitzer und den anderen Hund ruhig aus und wird aus diesem Grund der Situation noch stärker ausgesetzt. Der andere Hund kommt noch näher oder er selbst wird gezwungen, zum anderen Hund hinzugehen. Das jedoch kann er nicht mehr aushalten und explodiert.

Ein Hund, der gelernt hat, die Spannung auszuhalten, ist schon einen Schritt näher am vernünftigen Verhalten, läuft aber Gefahr, falsch eingeschätzt und entsprechend falsch behandelt zu werden. Es kann sich um einen Zwischenschritt im Training handeln, der hilft, das Endziel zu erreichen.

Spannung halten ist auch das Mittel der Wahl, wenn unerwartet plötzliche Reize auftreten, die der Mensch nicht kontrollieren kann. Im Grunde genommen sind alle Bleibübungen auch Übungen zum Spannung halten.

Keine Signale!

Um den Menschen etwas außen vor zu lassen und dem Hund zu helfen, sich auf sich selbst zu konzentrieren, reden Sie während dieser Übungen mal nicht mit Ihrem Hund. Sie sind nur für die Konsequenz zuständig, also ob Ihr Hund das Futter bekomme oder nicht. Dafür müssen Sie wissen, was Ihr Hund in diesem Moment will und ob Sie die Konsequenzen in der Hand haben.

Reden Sie während all dieser Übungen nicht mit Ihrem Hund! Sie sind nur für die Konsequenz zuständig, also ob Ihr Hund das Futter bekommt oder nicht. Ihr Hund soll nicht lernen, auf Sie zu achten, sondern auf sich selbst und auf seine Beherrschbarkeit. Je mehr Sie reden, desto mehr versucht der Hund, Ihre Signale zu verstehen und »antwortet« darauf. Das ist nicht das Ziel dieser Übungen.

Natürlich lassen sich all diese Verhaltensweisen auch mit Signalen wie »Sitz!«, »Bleib!« oder »Warte!« trainieren. Das können Sie auch tun, wenn es Ihren Alltag erleichtert, aber testen Sie zuvor komplett ohne Signale, damit Ihr Hund sich auf sich selbst konzentrieren kann und lernt, seinen Körper und seinen Frust zu beherrschen.

Grenzen beachten

Trainieren Sie Ihren Hund, an Türen, Gehsteigen oder anderen vorgegebenen Grenzen zu warten, statt loszustürzen. Grenzen erkennen bedeutet auch Regeln zu akzeptieren und sich zu kontrollieren. Sie helfen zudem im Alltag mit dem Hund und schaffen Sicherheit. Trainieren Sie Ihren Hund, an Türen, Gehsteigen oder anderen vorgegebenen Grenzen zu warten, statt loszustürzen. Kann Ihr Hund trotz Ablenkung an definierten Grenzen warten, kann er auch mehr Freiheiten bekommen.

Übung: Warten an der Tür

1 Stellen Sie sich so hinter die Tür, dass Sie die Klinke greifen können und Ihr Hund ohne Leine an der Türöffnung steht.

2 Nun öffnen Sie die Tür einen Spalt. Sobald Ihr Hund die Nase durch den Spalt schieben will, schließen Sie die Tür. Ist die Nase wieder weg, öffnen Sie sie erneut wenige Zentimeter und schließen sie, bevor Ihr Hund hindurch drängt.

3 Sagen Sie nichts dazu, halten Sie Ihren Hund nicht fest und stellen Sie sich auch nicht vor ihn, sondern benutzen Sie nur das Öffnen und Schließen der Tür, um den Hund über die Konsequenzen seines Handelns zu informieren.

4 Erst wenn Sie die Tür weit öffnen können und Ihr Hund wartend vor der Öffnung bleibt, darf er mit einem Signal hindurch geschickt werden.

5 Hat Ihr Hund das verstanden, können Sie nun auch ein Signal wie das Wort »Warte!« einführen und das Warten auf Signal damit auf alle beliebigen Orte übertragen.

Führen Sie das Wortsignal wirklich erst ein, wenn Ihr Hund verstanden hat, dass die Tür zugeht, wenn er ohne Aufforderung hindurchgeht. Ihr Hund lernt dadurch, dass sein Handeln direkten Einfluss auf die Tür hat und nicht Sie als Mensch dazwischen stehen. Er wird so leichter lernen, seinen Körper zu beherrschen, und Sie können das dann nutzen, um sich den Alltag zu erleichtern.

Übung: Warten am Gehsteig

1 Nehmen Sie Ihren Hund an die Leine, damit er dicht neben Ihnen läuft.

2 Gehen Sie auf eine deutlich sichtbare Grenze wie einen Bürgersteig zu.

3 Kurz bevor Sie ankommen, halten Sie Ihrem Hund beide Hände vor die Brust und stoppen ihn so visuell. Wenn möglich, gehen Sie dabei über die Grenze hinaus und drehen sich zu Ihrem Hund um. Er muss vor der Grenze warten, während Sie dahinter stehen.

4 Wenn er Ihnen nachkommen möchte, stoppen Sie ihn, mit Ihren Händen am Brustkorb. Halten Sie ihn jedoch nicht die ganze Zeit fest, sondern schieben Sie ihn einmal zurück und lassen sofort wieder los.

5 Erst wenn er auf dem Gehsteig bleibt, ohne dass Sie ihn festhalten müssen, darf er auf Ihr Signal folgen.

6 Wiederholen Sie das, so oft es nötig ist, damit Ihr Hund vor der Grenze bleibt.

7 Zögert Ihr Hund nach einigen Wiederholungen schon an der Grenze, reduzieren Sie das Signal mit Ihren Händen, bis Sie es nicht mehr benötigen, sondern die Bürgersteiggrenze selbst zum Signal geworden ist.

Ihr Hund wird lernen, an jedem Gehsteig zu warten. Oder Sie geben kurz vor der Grenze jedes Mal ein verbales Signal wie »Stopp!« und können es an beliebigen Grenzen einsetzen.

Wichtig ist, dass Sie schnell genug sind und der Hund es nicht schafft, die Grenze ohne Ihre Erlaubnis zu übertreten. Je mehr Fehler er macht, desto länger dauert es, bis er versteht, um was es geht. Seien Sie also flink und vorausschauend!

Übung: Menschen begrüßen // Variante 1: Hinter dem Zaun

1 Ihr Hund befindet sich hinter dem Zaun, Sie gehen auf ihn zu.

2 Sobald Ihr Hund Ansätze macht hochzuspringen, bleiben Sie sofort stehen oder gehen einen Schritt zurück.

3 Sind alle vier Beine am Boden, gehen Sie leise lobend weiter auf ihn zu.

4 Auch gestreichelt wird nur, wenn alle vier Beine am Boden sind. Andernfalls gehen Sie sofort einen Schritt weg und reden auch nicht weiter.

Übung: Menschen begrüßen // Variante 2: An der Leine

1 Lassen Sie eine dem Hund bekannte Person, die er freudig begrüßen möchte, auf Ihren Hund zugehen. Ihr Hund ist bei Ihnen an der Leine.

2 Sobald Ihr Hund die Leine strafft oder gar hochspringt, bleibt die Person stehen und dreht sich vom Hund weg. Sie halten Ihren Hund nur fest, sagen kein Wort und versuchen, die Leine zu lockern.

3 Bleibt Ihr Hund ruhig, kommt die Person näher und beugt sich dann schnell zum Hund hinunter, um ihm von Anspringen abzuhalten.

4 Im nächsten Schritt kommt die Person nur näher, wenn der Hund sitzt und sitzenbleibt.

Der Hund darf nicht am Menschen hochspringen können oder sich gar mit seinen Vorderfüßen am Menschen »anlehnen«. Ist der Mensch also schon zu dicht, wenn der Hund hochspringt, muss er wieder einen Schritt zurück machen.

Übung: Hinterherlaufen

Das Laufen hinter dem Menschen hat mehrere Vorteile. Zum einen ist es sinnvoll in Situationen, in denen man nicht weiß, was von vorn kommt. An einer Häuserecke beispielsweise ist man so vor Überraschungen gefeit.

Zum anderen lernt der Hund so, sich auf Sie zu verlassen. Wenn er nicht sehen kann, was vorn passiert, muss er Ihnen vertrauen können und seine Erregung kontrollieren. Aus diesem Grund dient diese Übung bei Hunden, die nach vorn streben, auch als Vertrauensübung.

Auch hier muss der Hund, der neugierig ist oder den Weg kontrollieren möchte, lernen, sich zurückzunehmen und sich zu beherrschen, also abwarten.

1 Suchen Sie sich einen schmalen Weg, auf dem Ihr Hund keinen großen Bogen um Sie herum machen kann. Hilfreich können auch Hauswände auf der einen Seite und neben Ihnen laufende andere Menschen auf der anderen Seite sein.

2 Nehmen Sie Ihren Hund an die Leine, führen Sie ihn hinter sich und gehen Sie los.

3 Mit den Händen vor seiner Schnauze geben Sie ihm ein Stoppsignal, wenn er überholen möchte. Stellen Sie Ihren ganzen Körper wieder vor ihn und lassen Sie ihn nicht vorbei.

4 Seien Sie schnell, denn Ihr Hund wird es auch sein!

5 Vermeiden Sie das Zurückhalten mit der Leine. Nehmen Sie lieber Ihre Hände und schieben Sie ihn jedes Mal wieder zurück und lassen los. Bleiben Sie dabei ruhig stehen und gehen Sie erst weiter, wenn Ihr Hund hinter Ihnen ist.

Die Leine dient nur der Sicherheit, sollte Ihr Hund doch einmal vorbeigeflutscht sein. Führen Sie ihn mit Ihrer Hand rasch wieder hinter sich - ohne Leckerchen und Co.

Mit der Hilfe einer zweiten Person neben Ihnen, die ebenfalls aufpasst, wird es bei manchen Hunden leichter.

Wenn Sie sich nicht mehr so stark darauf konzentrieren müssen, Ihren Hund hinter sich zu halten, können Sie ein Signal hinzufügen, beispielsweise »Hinter!«.

Ziel ist es, den Hund auf bestimmten Strecken hinter sich herlaufen lassen zu können, nicht aber, den gesamten Spaziergang so zu verbringen.

Läuft Ihr Hund sowieso lieber hinter Ihnen her, weil er von dort aus schneller weg ist, ist diese Übung natürlich nichts für Sie.

Hunde, die hinter einem laufen, müssen vertrauen können und sich zurücknehmen. Sie sehen nicht, was vorn kommt. Gerade an schmalen Wegen und vor Ecken ist das im Alltag praktisch.

Nutzen Sie keine Leckerchen, um den Hund hinter sich zu bringen oder dort zu halten. Mit Leckerchen ändern Sie in dieser Übung die Motivation des Hundes. Wollte er zuvor nach vorn, will er dann am Leckerchen kleben. Dadurch wird er nicht lernen, dass er hinten bleiben soll. Sie dürfen ihm aber ein Leckerchen geben, wenn er brav hinter Ihnen läuft. Dafür drehen Sie sich zu ihm um und geben es ihm direkt ohne Click und Co. Denn belohnt wird kein punktuelles Verhalten. Verständlicher und einfacher zu handhaben ist es, wenn Sie Ihren Hund verbal und ruhig loben, während er hinter Ihnen geht, und es mit einem «Eh-Eh!« (oder einem Knurren) kommentieren, falls er nach vorn drängt.

Abwarten am Futter

Futter ist eines der Dinge, bei denen Hunde sich am schnellsten aufregen. Aus diesem Grund kann man es einerseits gut als Verstärker einsetzen, andererseits aber auch wunderbar als Ablenkung und Aufregungsreiz nutzen.

Hier gibt es viele Übungen, und der Fantasie sind kaum Grenzen gesetzt.

Übung: Leckerchen hinlegen

Ihr Hund soll lernen, sich zu beherrschen und auf Ihr Startsignal zu warten, bevor er dem Impuls nachgibt.

1 Nehmen Sie ein Lekkerchen in die Hand und zeigen es Ihrem Hund.

2 Bewegen Sie die Hand nun langsam senkrecht nach unten und bleiben Sie ca. 30 Zentimeter von der Schnauze Ihres Hundes entfernt.

3 Sobald sich Ihr Hund dem Leckerchen in Ihrer Hand nähert, nehmen Sie die Hand kommentarlos und schnell nach oben an Ihren Körper.

4 Ist die Nase wieder weg, beginnen Sie von vorn.

5 Wiederholen Sie das so oft, bis Sie das Leckerchen auf den Boden legen können und Ihr Hund wartet.

6 Warten Sie drei Sekunden und erlauben Sie Ihrem Hund dann, das Leckerchen zu nehmen.

Erweitern Sie die Übung, indem Sie die Hand vom Leckerchen wegnehmen und auch selbst immer weiter weggehen, bevor er das Leckerchen nehmen darf.

Übung: Leckerchen hinwerfen

1 Das fallende Leckerchen ist ein stärkerer Reiz als das langsame Runterlegen.

2 Bauen Sie auf der vorherigen Übung auf und legen das Leckerchen nun nicht mehr hin, sondern lassen es zehn Zentimeter über dem Boden fallen.

3 Funktioniert das gut, lassen Sie das Futter von immer weiter oben fallen und beginnen dann auch damit, es zu werfen. Zuerst neben den Hund, dann auf den Hund zu, dann weg vom Hund.

4 Machen Sie die Schritte so klein, dass Ihr Hund möglichst jedes Mal Erfolg hat. Er wird aus dem richtigen Verhalten lernen - und aus wenigen Misserfolgen. Zu viele Misserfolge frustrieren jedoch und verhindern das Lernen.

Übung: Futternapf runterstellen

Eine tägliche Impulskontrollübung ist das Runterstellen des Futternapfes nach Zubereitung des Hundefutters. Die meisten Hunde stehen schon wartend hinter ihrem Dosenöffner und gieren danach, endlich fressen zu dürfen. Eine wundervolle Situation, um Selbstbeherrschung zu üben.

1 Bewegen Sie die Hand mit dem Napf langsam senkrecht nach unten.

2 Kommt Ihr Hund näher, nehmen Sie den Napf sofort wieder hoch.

3 Stellen Sie den Napf erst ab, wenn Ihr Hund wartet und sich beherrschen kann.

4 Warten Sie drei Sekunden und erlauben ihm dann zu fressen.

5 Erhöhen Sie die Schwierigkeit, indem Sie Blickkontakt einfordern und für mehrere Sekunden aufrecht erhalten, bevor Sie die Erlaubnis zum Fressen geben.

Übung: Futter von fremder Person

Noch schwieriger wird es, wenn eine andere Person dem Hund das Futter entgegenstreckt oder ihn sogar aktiv auffordert, es zu nehmen. Fange Sie jedoch auch hier so an, dass Ihr Hund es schaffen kann.

1 Ihr Hund ist an der Leine. Eine zweite Person steht mit ausgestreckter Hand, auf der Futter liegt, da und schaut selbst auf den Boden (nicht zum Hund).

2 Gehen Sie mit Ihrem Hund an der Leine auf die Person zu. Sobald Ihr Hund zur Futterhand strebt, bleiben Sie stehen und halten die Leine fest.

3 Warten Sie ab, bis Ihr Hund selbst an lockerer Leine steht.

4 Ist die Leine durchgängig straff, ziehen Sie Ihren Hund zwei Zentimeter (nicht rucken oder zurückschleifen!) zurück und lockern sofort wieder die Leine. Wiederholen Sie das so oft, bis Ihr Hund locker stehenbleibt.

5 Bleibt er drei Sekunden locker stehen, clicken Sie und die Hilfsperson wirft ihm das Futter zu.

6 Wechseln Sie die Formen der Belohnung. Mal bekommt er das Futter zugeworfen, mal geben Sie ihm etwas, mal werfen Sie ihm etwas vor die Schnauze.

7 Erhöhen Sie die Anforderung, indem Sie Ihren Hund zum Blickkontakt auffordern. Funktioniert auch das, warten Sie beim nächsten Versuch darauf, dass er selbst den Blickkontakt zu Ihnen sucht, ohne dass Sie ihn erinnern müssen.

Sagen Sie nichts, weder »Nein!«, noch »Sitz!« oder »Platz!«. Ihr Hund soll sich ganz auf sein Ziel konzentrieren und selbst merken, wie er dahin kommt. Er soll nicht durch Signale gebremst werden, sondern nur durch die Konsequenz auf sein Verhalten.

Dieselbe Übung wie oben können Sie auch mit Futter am Boden gestalten. Legen Sie große, gut sichtbare Leckerchen auf dem Boden aus und gehen Sie mit Hund an der Leine darauf zu.

Übung: Futter anzeigen

Eine weitere Anforderung ist, dass Ihr Hund sich hinlegen muss, um an das Futter zu kommen. Gleichzeitig ist dies eine gute Übung für alle Hunde, die draußen Müll fressen.

1 Nehmen Sie mehrere kleine Futterstückchen in die Hand. Ihr Hund ist möglichst ohne Leine oder an schleifender Leine.

2 Zeigen Sie Ihrem Hund das Leckerchen und führen Sie es schnell in der geschlossenen Hand zum Boden.

3 Warten Sie, bis Ihr Hund anbietet, sich hinzusetzen oder hinzulegen. Dann öffnen Sie sofort die Hand und erlauben ihm zu fressen (hier können Sie auch gut den Clicker einsetzen).

4 Kommt Ihr Hund gar nicht auf die Idee, sich hinzulegen, geben Sie anfangs das Signal für »Platz!« (wenn er es schon kennt).

5 Wiederholen Sie das einige Male und geben das Signal erst, wenn Ihre Hand schon einige Sekunden auf dem Boden liegt. Sprechen Sie es außerdem immer leiser aus.

6 Legt Ihr Hund sich hin, wenn Ihre Hand geschlossen auf dem Boden liegt, ohne vorher daran zu schnüffeln oder zu kratzen, machen Sie nun keine Faust mehr, sondern legen das Futter hin und lassen Ihre Hand nur noch darüber schweben.

7 Geht Ihr Hund ran, können Sie so den Zugriff mit der Hand verhindern (halten Sie nicht den Hund, sondern das Futter fest).

8 Erhöhen Sie die Anforderungen, indem Ihre Hand bei jeder Übung etwas weiter vom Futter weg ist, bis Sie nicht mehr daneben stehen müssen.

9 Jetzt legen Sie eine Strecke mit Futter in Abständen von ca. drei bis vier Metern. Gehen Sie mit dem Hund an der Leine diese Strecke entlang und warten Sie darauf, dass er sich hinlegt, um das Futter zu erhalten.

10 Nun wird die Belohnung auch mal variiert und Ihr Hund bekommt öfter etwas von Ihnen anstelle des Futters, das auf dem Boden liegt.

Ihr Hund hat nun gelernt, Futter anzuzeigen, und Sie können entscheiden, ob er es nehmen darf oder nicht.

Alle weiteren Bleib-Übungen, wie das Sitz-Bleib, auch unter Ablenkung, sind Grundlagenübungen in jeder Hundeschule. Anleitungen finden Sie auch in vielen guten Hundebüchern.

Übungen wie diese können Sie natürlich auch mit Spielzeug statt Futter trainieren. Beginnen Sie am besten immer mit dem, was Ihr Hund weniger mag.

Vorstehen

Spannung halten bedeutet, dem Drängen nach sofortigem Handeln nicht nachzugeben. Reize wie Futter, das runterfällt, sind für viele Hunde schon schwer auszuhalten. Reize, die aus der Umgebung kommen (wie auftauchende Katzen, kleine Vögel, quietschende Kinder, plötzlich fallende Stöckchen und ähnliches) sind häufig noch schwieriger ruhig zu ertragen. Meist deshalb, weil auch der Besitzer nicht damit rechnet und selbst erschrickt. Jagdhunde lernen das Aushalten solcher Reize, indem sie erstarren. Sie stehen vor.

Jeder Hund kann diese Form der Anzeige zumindest teilweise lernen. Meist ist es für den Hund leichter, den Reiz noch sehen zu dürfen, als sich abwenden zu müssen. So kann man das Vorstehen als einen Zwischenschritt für das Training nutzen oder auch als endgültige Lösung. Je häufiger man das Vorstehen im Alltag trainiert und einsetzt, desto eher verallgemeinern Hunde dieses Verhalten und verharren zumindest kurzfristig bei Reizen, bei denen sie vorher ausgerastet oder losgestürmt wären.

Ziel ist, dass der Hund bei Anblick des Reizes stehen-, sitzen- oder liegenbleibt, bis Sie ihn an die Leine nehmen oder abrufen können.

Machen Sie sich zum Üben eine Liste der Reize, auf die Ihr Hund reagiert, in aufsteigender Reihenfolge. Beginnen Sie das Training mit dem Reiz, den Ihr Hund am leichtesten aushält.

Bieten Sie den Reiz in so abgeschwächter Form an, dass Ihr Hund ruhigbleibt, und belohnen Sie das aufmerksame, aber ruhige Stehen mit einem Click und einem hingeworfenen Leckerchen.

Als Reize zum Üben eignen sich Katzenspielzeuge wie etwa aufziehbare Mäuse und quietschende Vögelchen, oder auch Kinderspielzeuge wie aufziehbare Spielsachen, die Geräusche machen, ferngesteuerte Autos und andere Objekte, auf die Ihr Hund reagiert.

Sie benötigen eine zweite Person, die Ihnen beim Üben hilft

Übung: Vorstehen an Katzenspielzeug

1 Halten Sie Ihren Hund locker an einer einen Meter langen Leine neben sich.

2 Die Hilfsperson hockt je nach Stärke der Ablenkung für den Hund mindestens zwei Meter entfernt und setzt die Maus vorsichtig auf den Boden.

3 Sobald Ihr Hund die Maus sieht und die Ohren spitzt, aber die Leine noch locker ist, clicken Sie sofort.

4 Reagiert Ihr Hund auf den Click und dreht sich um, dann werfen Sie ihm das Futter zu. Dreht er sich nicht um, sondern beobachtet die liegende Maus weiter, gehen Sie vorsichtig zu ihm und werfen ihm das Leckerchen vor die Schnauze, so dass es an seinen Augen vorbei zu Boden fällt. Auf diese Weise können Sie die momentane Aufmerksamkeit umlenken.

5 Springt er nach dem Click (oder auch bevor Sie clicken konnten) nach vorn, halten Sie die Leine fest und warten ab, bis Sie sie wieder lockern können. Clicken Sie dann, wenn Ihr Hund locker an der Leine steht.

6 Springt Ihr Hund jedes Mal, sobald er die Maus sieht, nach vorn, lassen Sie die Hilfsperson weiter weg gehen.

Ihr Ziel ist, dass Ihr Hund die Maus sehen kann und dabei stehenbleibt. Er muss sich nicht zu Ihnen umdrehen. Das schaffen viele Hunde bei der Maus zwar schnell, aber bei größeren Ablenkungen nicht mehr. Aus diesem Grund trainieren wir das Stehenbleiben und Hinsehen. Also das Aushalten des Reizes. Erst wenn Ihr Hund es schafft, auch bei sich bewegender Maus stehenzubleiben, können Sie dann vor dem Click ein weiteres Signal wie »Hier!« oder »Schau!« hinzufügen und dessen Ausführung belohnen.

Variieren Sie je nach Schwierigkeitsgrad für Ihren Hund die Entfernung der Hilfsperson und die Dauer der Bewegung der Maus. Anfangs muss sie gar nicht aufgezogen werden, später läuft sie fünf Sekunden, bevor Ihr stehender Hund belohnt wird.

Je alltagsähnlicher, desto alltagstauglicher. Suchen Sie Reize im Alltag, an denen Sie mit Ihrem Hund das Vorstehen üben können. Sie können dafür an Büschen mit kleinen Vögelchen vorbeigehen oder im Wald Steine an den Wegrand werfen, so dass ein Rascheln zu hören ist. Natürlich darf Ihr Hund nicht sehen, dass Sie die Steine werfen.

Signalausführung in hohen Erregungslagen

Selbstkontrolle bedeutet, dass Ihr Hund es selbst schaffen soll, bestimmte Reize auszuhalten, ohne impulsiv zu reagieren. Dafür waren die Übungen des vorigen Kapitels gedacht. Doch es gibt immer Situationen, in denen der Hund sich nicht beherrschen wird, weil der Reiz zu groß und die Situation zu selten ist, um geübt zu werden. Zudem ist es manchmal sinnvoller, dem Hund mit Signalen zu helfen, auch wenn er sich durch die vorigen Übungen insgesamt besser beherrschen kann.

Die folgenden Übungen dienen dazu, Signale unter großer Ablenkung, also hoher Erregungslage, so zu trainieren, dass der Hund sie ausführt. Auch hierfür ist ein sorgfältiger Trainingsaufbau nötig. Bedenken Sie bitte, dass Sie bei diesen Übungen Situationen stellen, in denen der Hund sich gewollt sehr aufregt, um mit ihm trainieren zu können. Haben Sie einen ständig sehr impulsiven Hund und beginnen gerade erst mit dem Training, ist es meist besser, diese Aufregungen zunächst zu meiden. Ihr Hund muss erst durch viele Ruheübungen, einen routinierten Tagesablauf und eventuellen Änderungen im Umgang insgesamt ruhiger werden. Erst dann können Sie wieder schrittweise Aufregung mit ins Spiel bringen, um daran zu arbeiten.

Achten Sie auch darauf, nach solchen Übungen den Hund zu beruhigen und Übungen zum Entspannen folgen zu lassen. Auch bei freudiger starker Aufregung kann es passieren, dass Ihr Hund danach heftiger auf andere Reize reagieren wird, wenn Sie nicht darauf achten, dass er entspannt.

Übung: Selbstkontrolle an der Reizangel

Eine Reizangel ist ein ca. 1,50 Meter langer Stock mit einem zwei Meter langen Seil daran. An diesem ist ein Spielzeug oder etwas anderes befestigt, das Ihr Hund gern mag. Das können Tierfelle sein oder auch gefüllte Futterbeutel. Die Reizangel ermöglicht es, den Hund in einen hohen Erregungszustand zu versetzen, um das Beherrschen zu trainieren. Die Erregung kann je nach Einsatz der Angel kontrollierbar verändert werden. Da der Hund beim Spiel mit der Reizangel sehr enge Kurven läuft, ist die Gefahr groß, sich zu verletzen. Achten Sie deshalb darauf, dass Ihr Hund vorher warmgelaufen ist, und spielen Sie nicht länger als fünf bis zehn Minuten am Stück. Hören Sie vor allem auf, bevor der Hund die Lust verliert.

1 Testen Sie als erstes, ob Ihr Hund das Spiel an der Angel mag. Locken Sie ihn dazu mit dem Gegenstand an der Angel und lassen Sie ihn hinterherlaufen, während Sie das Spielzeug am Boden ruckartig wegziehen. Spielt er mit, können Sie damit arbeiten.

2 Lassen Sie ihn neben sich in der Bleibposition stehen, sitzen oder liegen. Eventuell befestigen Sie eine ein Meter lange dünne Schnur am Geschirr oder Halsband, um zu verhindern, dass er ohne Signal losrast.

3 Bewegen Sie den Gegenstand mit der Angel langsam hin und her. Sie sollten so langsam sein, dass Ihr Hund das Bleiben gerade noch ertragen kann.

4 Bleibt er mindestens fünf Sekunden sicher bei Ihnen, schicken Sie ihn zur Belohnung mit einem Signal los.

5 Geben Sie nach kurzer Zeit das Signal zum Sitzen, zählen Sie leise bis zwei und nehmen Sie dann die Angel hoch, sollte Ihr Hund noch nicht sitzen.

6 Warten Sie weitere zwei Sekunden ab, bevor Sie das Signal erneut geben.

7 Sitzt er, lassen Sie ihn bleiben, bewegen die Reizangel vor ihm und erlauben ihm nach fünf Sekunden, wieder hinterherzulaufen.

8 Setzt sich Ihr Hund schon nach dem ersten Signal, darf er zur Belohnung sofort weiterspielen.

Variieren Sie die Belohnung anhand des Verhaltens Ihres Hundes. Je besser er gehorcht, desto schneller darf er wieder laufen. Je länger es dauert, desto länger muss er wieder warten, bis es weitergeht.

Reagiert Ihr Hund auf das erste Signal gut, eventuell nur leicht verzögert, können Sie beginnen, nach dem Signal die Angel auf dem Boden weiterzubewegen, statt sie hochzunehmen. Ihr Hund soll nun das Signal beachten, während die Ablenkungsstärke gleich bleibt.

Nun wechseln Sie mit anderen Signalen ab, wie »Steh!« oder »Platz!«. Mit Hilfe einer weiteren Person, die dann die Reizangel bedient, können Sie auch das »Hierher!« trainieren.

Übung: Rückruf von sich entfernenden Reizen / Abruf vom Ball

Variante 1

Das Zurückkommen von jedweder Ablenkung ist gar nicht so einfach, wie viele Hundebesitzer denken. Versetzen Sie sich in die Lage Ihres Hundes. Er möchte unbedingt irgendwo hin, rennt schon und all seine Sinne sind nach vorn gerichtet, da kommt die Information, dass er zu Ihnen zurückkommen und das Interessante sausen lassen soll, und im schlimmsten Fall muss er an die Leine. Hier zu gehorchen bedarf eines guten Trainings und einiger Impulskontrolle Ihres Hundes.

Üben Sie zuerst wie in den Übungen unter: »Abwarten am Futter«.

1 Legen Sie den Ball auf den Boden, ohne dass Ihr Hund hinspringt (ohne Signal und ohne festhalten).

2 Verlangen Sie nun verbal Blickkontakt, bevor er den Ball holen darf.

3 Nehmen Sie dann Ihren Hund an die Leine und beginnen Sie damit, den Ball aus geringer Höhe fallen zu lassen bzw. vom Hund wegzuwerfen.

4 Ist der Reiz für Ihren Hund zu groß und er springt hinterher, halten Sie die Leine fest und sammeln Sie den Ball selbst ein. Machen Sie beim nächsten Versuch kleinere Schritte.

5 Schafft Ihr Hund es, dem fliegenden Ball hinterher zu schauen, verlangen Sie auch hier wieder verbal Blickkontakt, bevor er losgehen darf und den Ball zur Belohnung kurz bekommt.

6 Als nächste Anforderung muss Ihr Hund - nachdem er bei fliegendem Ball stehengeblieben ist - einen Meter zu Ihnen zurückkommen und Sie ansehen, bevor er gehen darf.

7 Reagiert er nicht, warten Sie ab und geben das Signal für das Zurückkommen erneut. Die Leine dient nur dazu zu verhindern, dass der Hund an den Ball kommt.

Übung: Rückruf von sich entfernenden Reizen / Abruf vom Ball

Variante 2

1 Nehmen Sie Ihren Hund an die Leine, so dass er neben Ihnen locker steht.

2 Werfen Sie den Ball locker von sich fort und geben Sie gleichzeitig das Kommsignal. Helfen Sie mit Körpersprache, wie Rückwärtsgehen, Klatschen etc., damit er wirklich kommt.

3 Kommt er, wird er sehr gut belohnt, indem Sie beide zusammen zum Ball laufen und kurz spielen.

4 Kommt er nicht, halten Sie die Leine fest, warten, bis er locker steht und rufen dann erneut. Loben Sie ihn und gehen dann den Ball selbst holen.

5 Versuchen Sie es erneut mit einem weniger scharfen Wurf.

Je besser es klappt, desto später können Sie Ihren Hund zurückrufen. Erstes Ziel ist, dass der Hund kurz vor dem aufgeprallten Ball umdreht und zu Ihnen zurückkommt. Dasselbe können Sie natürlich auch mit Futter trainieren und später auch mit schwierigeren Dingen, wie Wild u.a.

Nächstes Zwischenziel (besonders für jagende Hunde) ist, dass der Hund sich vom Rasenden Hasen (siehe Anhang) zurückrufen lässt.

Training im Alltag

Damit Sie lernen, das richtige Signal im richtigen Moment zu geben, müssen Sie das Training nun in den Alltag verlagern. Meist lernen die Hunde die beschriebenen Übungen schnell. Oft leider nur auf dem Hundeplatz oder unter den bekannten Trainingsumständen. Üben Sie daher von nun an immer wieder woanders. Lassen Sie sich von einer zweiten Person helfen, die Situationen stellt, die auch Sie nicht vorhersehen können.

Oder sie kommt irgendwann während Ihres Spaziergangs mit einem Hund auf Sie zu. Oder sie lässt ein Stück Fell an der Angelsehne, die über einen Ast gelegt ist, plötzlich vor Ihnen »aufspringen«. Je nachdem, was Ihr Trainingsziel ist, müssen Sie Ihr Training immer alltagsgerechter werden lassen. Das bedeutet, Orte zu wechseln, Zeiten zu wechseln, Ablenkungen zu wechseln und vor allem, nicht zu wissen, was wann kommt. Denn der wichtigste Faktor ist und bleibt der Mensch und seine Reaktion. Wenn Sie wissen, was Ihr Hund tun soll, können Sie es auch sagen und selbst Sicherheit ausstrahlen.

Verstärken Sie insgesamt den Blickkontakt Ihres Hundes, indem Sie ihn vor jeder Erlaubnis, etwas zu tun, dazu auffordern. Geben Sie das Signal, bevor er seinen Kumpel begrüßen darf, bevor er ein Lekkerchen bekommt, bevor die Leine gelöst wird usw. Ihr Hund soll lernen, immer bei Ihnen nachzufragen, wenn er etwas tun möchte, und Sie werden bald sehen, dass Ihr Hund den Blick selbst sucht. Auch bei großen Ablenkungen wird er eher bei Ihnen anfragen, bevor er allein reagiert.

4.5 Zur Ruhe finden

Ein Hund, der in Ruhe arbeitet, kann es aushalten, andere Hunde spielen zu sehen, oder er hat eine Strategie, sich die Reize vom Leib zu halten, beispielsweise sich in die Box zu verkriechen, um die anderen Hunde nicht zu sehen.

Fast alle Probleme gehen mit großer Erregung einher oder resultieren aus ihr. Meist ist dabei egal, ob es freudige oder unsichere Erregung ist. Zur Ruhe zu finden ist dementsprechend eine der wichtigsten Grundlagenübungen, die Sie mit Ihrem Hund trainieren können. Dazu gehört der ruhige Umgang mit dem Hund genauso wie das erlernte Ruhe halten.

Entspannung kann man lernen. Entweder wird es verknüpft mit einem bestimmten Signal, oder man gewöhnt sich an bestimmte Situationen, so dass diese nicht mehr aufregend sind.

Ruhe erzwingen

Man kann Ruhe bei vielen Hunden tatsächlich erzwingen. Meist macht man es schon unbewusst, wenn der Hund unaufhörlich hin und her läuft oder im heißen Sommer weiterspielen will, bis die Zunge am Boden hängt.

Auch in Stresssituationen erzwingen Sie Ruhe, wenn Sie Ihren Hund an der Leine festhalten, bis er wieder auf seinen eigenen vier Beinen steht. Erst dann können Sie weiterarbeiten.

Bei sehr unruhigen Hunden ist das zwangsweise Ruhigstellen sogar nötig, um wieder zum Hund durchzudringen. Wenn er sich nicht mehr selbst stoppen und beruhigen kann, wenn er trotz starken Hechelns immer weiter rennt, wenn er aus jedem leichten Schlaf aufwacht, um hinter Ihnen herzukommen, müssen Sie eingreifen. Dazu schränken Sie die Bewegungsfreiheit Ihres Hundes durch die Leine ein, ignorieren sein sonstiges Verhalten jedoch völlig. Binden Sie ihn so an, dass er sich auf seine Decke legen kann und er nichts anstellen kann. Nehmen Sie zur Not eine Kettenleine, wenn er dazu neigt, die Leine anzuknabbern.

Übung: Pause

Im Haus befestigen Sie die Leine in einer ruhigen Ecke, am besten in der Nähe einer Decke. Ihr Hund hat ausschließlich die Möglichkeit, sich auf die Decke zu legen. Er bekommt nichts zum Knabbern und nichts zum Spielen, denn das würde eine Entspannung verhindern. Draußen setzen Sie sich irgendwo hin und befestigen die Leine so, dass er Sie weder durch Anspringen oder Lecken nerven noch sich anderweitig selbst beschäftigen kann.

1 Markieren Sie diese Übung zu Beginn ebenfalls mit einem Signal. Das kann ein Wort sein, aber auch ein Zeichen, wie eine bestimmte geschlossene Tür, ein Geruch, den der Hund am Halstuch umgebunden trägt oder seine Leine, die an einem extra dafür ausgewählten Ort hängt.

2 Setzen Sie sich mit einem guten Buch in die Nähe Ihres Hundes und bleiben Sie mindestens eine halbe Stunde, so bis Ihr Hund eingeschlafen ist oder sich zumindest hingelegt hat.

3 Ignorieren Sie Bellen, Jammern und andere aufmerksamkeitsheischende Verhaltensweisen. Sollte er die Leine durchbeißen, nutzen Sie dafür eine Kette, um nicht reagieren zu müssen.

4 Wiederholen Sie diese Übung täglich einmal über mehrere Tage. Ihr Hund sollte dann schneller zur Ruhe kommen.

Ihr Hund lernt das mit dieser Übung verknüpfte Signal als Pausesignal kennen. Es kündigt an, dass in der nächsten halben Stunde nichts Interessantes geschieht und er ruhen kann. Viele übertrieben aktive Hunde nehmen das, ebenso wie die Box, sehr gut und gern an.

Konditioniertes Ruhesignal

Genauso wie Aufregung mit einer Situation verknüpft werden kann, kann auch körperliche Entspannung mit einem Signal verknüpft werden. Dies ist dann nötig, wenn man mit dem Hund in einer aufregenden Situation arbeiten möchte, dieser jedoch zu aufgeregt ist, auf Signale zu hören.

Ziel ist, dass der Hund aus einer hohen Erregungslage mit Ihrer Hilfe schneller runterkommt, damit Sie wieder Einfluss nehmen können.

Exkurs

In Studien wurde nachgewiesen, dass Tiere (und auch Menschen) Aromastoffe, die die Mutter während der Trächtigkeit zu sich nimmt, auch später von den Jungen erkannt werden. Füttert man trächtige Ratten regelmäßig mit Zimt, kann der Geruch von Zimt die späteren Jungtiere nachgewiesenermaßen beruhigen. Neugeborene lernen so auch, den Geruch der Mutter und der Nahrungsquelle zu identifizieren.

Übung: Konditioniertes Ruhesignal

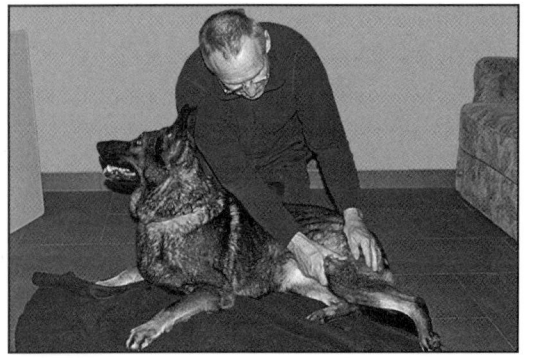

1 Starten Sie am Abend zu Hause. Beginnen Sie, Ihren Hund von vorn nach hinten zu streichen. Streichen Sie ruhig, aber fest bis Ihr Hund genießt und entspannt.

2 Nun sagen Sie das Signalwort, welches Sie später nutzen möchten. »Ruuuhig« oder »Easy« eigenen sich gut. Langgezogene Worte, die ruhig gesprochen werden, unterstützen den einschläfernden Effekt.

3 Wiederholen Sie das Wort kontinuierlich, solange Ihr Hund entspannt ist, und am besten, bis er einschläft.

4 Wenn Sie das jeden Abend wiederholen, wird Ihr Hund immer schneller entspannen und Sie können das Ganze an andere Orte verlagern.

5 Versuchen Sie es draußen bei geringer Ablenkung und dann in immer stärkeren Erregungssituationen.

Natürlich wird Ihr Hund nicht entspannt umfallen, wenn er das Signal draußen hört, aber er wird bei erfolgreicher Konditionierung schneller entspannen. Statt des Streichelns können Sie Ihren Hund auch massieren. Eine gute Massage entspannt durch die Ausschüttung von Oxytocin, einem Neurotransmitter mit beruhigender und deeskalierender Wirkung.

Auch wenn Sie kein Ruhesignal konditioniert haben, hilft so eine Massage in fast jeder Situation, den Hund nach einer Weile zu beruhigen. Hunde, die sich draußen nicht gern beruhigen lassen, müssen Sie dennoch erst zu Hause in einer schon vorhandenen ruhigen Situation an die Massage gewöhnen. Da lohnt es sich, auch gleich ein Wort mit zu konditionieren.

Belegen Sie einen Massagekurs bei einem guten Hundephysiotherapeuten oder probieren Sie einfach mal das, was Ihnen auch gut tun würde. Nehmen Sie das Nackenfell des Hundes zwischen beide Daumen und die anderen Finger und rollen Sie das Fell über die Daumen bis zum Hinterteil des Hundes. In der Schultergegend sind bei Geschirrträgern oftmals Verspannungen zu fühlen, die man durch ein wenig Kneten gut lockern kann.

Falls Sie nicht gern massieren, gibt es auch Gummibürsten mit Noppen, die neben dem Massageeffekt gleichzeitig auch Fellpflege ermöglichen.

Ein Ruhesignal kann übrigens auch ein Gegenstand sein, wie das Lieblingskuscheltier, die Box oder eine Decke. Verknüpft wird es, wenn der Hund den Gegenstand jedes Mal in entspannten Situationen hört, riecht, fühlt oder sieht. Mit der Massage wird es unterstützt.

Exkurs

Berührungen unterstützen die Bindung in großem Maße. Das liegt daran, dass man das Lebewesen genau spürt und Emotionen auch mit den Händen fühlen kann. Gestresste Hunde sind angespannt und steif. Je ruhiger und weicher der Hund ist, desto besser fühlt er sich. Eine gute Bindung ist nichts anderes als genügend gegenseitiger Respekt vor den Gefühlen des anderen und ein Gefühl für die Bedürfnisse des anderen. Je besser man diese versteht und je besser man darauf eingehen kann, desto stärker ist eine Bindung.
Bindung ist also Kommunikation und Feinfühligkeit, und das kann man lernen. Berührungen helfen dabei.

Die Leine als Ruhesignal

Auch die Leine kann zum Ruhesignal werden, wenn Sie sie von Beginn an richtig einsetzen. Wenn Sie Ihren Hund an die Leine nehmen, warten Sie jedes Mal eine kurze Zeit ab, bis Ihr Hund ruhig und locker steht, bevor Sie losgehen. Starten Sie an der Leine kein wildes Spiel, sondern laufen Sie immer ruhig mit Ihrem Hund. Machen Sie ein vernünftiges Leinentraining mit Ihrem Hund, damit er nicht an der Leine zieht.

Lassen Sie nicht zu, dass Ihr Hund in die Leine beißt.

Binden Sie ihn mit der Leine ab und an mal während einer Pause an, damit die Leine als Begrenzung und Ruhezone wahrgenommen werden kann.

Das Sicherheitssignal

Als Sicherheitssignal bezeichnet man Signale, die die Abwesenheit von Schmerz, angstauslösenden Situationen und anderen negativen Dingen ankündigen. Ein Beispiel für ein solches Signal ist bei vielen Hunden der Clicker. Als Brückensignal wird er meist für das Training von Tricks und somit zum belohnungsorientierten Training eingesetzt. So ist er verknüpft mit Freude, guter Laune und der Erwartung von Futter. Gleichzeitig werden die gegenteiligen Emotionen gehemmt. Es existiert eine so genannte inhibitorische klassische Konditionierung.

Der so aufgebaute Clicker ist deshalb ein sehr gutes Hilfsmittel beim Training mit aggressiven oder unsicheren Hunden. Durch seine zuvor aufgebaute Sicherheitsfunktion lässt der Hund sich auch in schwierigen Situationen gut auf Vorgaben ein.

Ein weiteres Sicherheitssignal kann der Mensch sein - oder aber auch genau das Gegenteil. Manche Hunde rasten in Gegenwart ihres Herrchens vollkommen aus, wenn Sie einem bestimmten Hund (Reiz) begegnen. Ist jedoch Frauchen dabei, passiert kaum etwas. Die Verknüpfung entsteht meist unbewusst und kann viele Ursachen haben: Vielleicht darf der Hund keinerlei Kontakt mit dem Hund haben, wenn die Besitzerin dabei ist, so dass der Hund keine Angst vor Kontakt haben muss. Vielleicht weiß Frauchen aber auch, wie man mit der Situation am besten umgeht, damit nichts passiert.

Für sehr ängstliche Hunde sind Besitzer oftmals ein Sicherheitssignal, das ihnen sagt, dass sie nicht weglaufen müssen. Sie erhalten Schutz bei ihren Besitzern und es geschieht ihnen nichts. Hunde können das sehr schnell lernen, wenn der Mensch es geschafft hat, ein Vertrauensverhältnis zum Hund aufzubauen und eine gute Bindung vorhanden ist. Schwierig wird es für diese Hunde dann, wenn ihre Besitzer nicht dabei sind und sie keine andere Strategie gelernt haben, mit einer für sie problematischen Situation umzugehen.

Auch das Halti kann ein Sicherheits- und auch ein Ruhesignal werden.

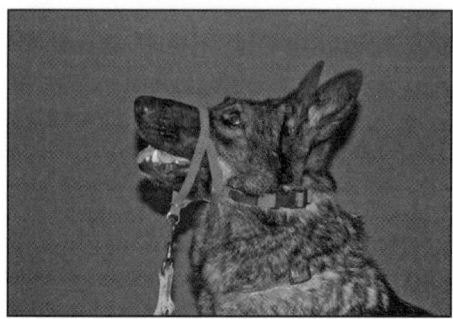

Das Halti funktioniert wie ein Halfter beim Pferd. Es darf nicht daran geruckt oder gezogen werden, und die Leine wird möglichst immer locker gehalten.

Wird der Hund vernünftig an das Halti gewöhnt und trägt es gern, so kann es helfen, Situationen zu entspannen, in denen der Hund in der Leine gehangen hat. Da dies mit dem Halti nicht mehr möglich ist, entfernt man einen entscheidenden Faktor aus der Aufregungskette, der den gesamten Ablauf zum Einsturz bringen lässt.

Ist der Hund bisher immer auf seinen Erzfeind zugestürzt und konnte seine Besitzer wenigstens drei Meter hinterherschleifen, schafft er das mit dem Halti nicht mehr. Er merkt, dass die Entfernung sich nicht verringert und keine Gefahr ausgeht. So kann er über mehrere Tage hinweg lernen, dass mit dem Halti um der Schnauze nichts geschehen kann. Natürlich nur, wenn auch der andere Hund freundlich und weit weg bleibt.

Ein Sicherheitssignal, welches Sie gezielt und einfach aufbauen können, ist das verbale »Alles okay!« Es soll für den Hund zum Hinweis dafür werden, dass sein Besitzer alles unter Kontrolle hat, der Hund sich nicht zu kümmern braucht und vor allem auch keiner für ihn schwierigen Situation ausgesetzt wird. Nur wenn er nach einem »Alles ok!« auch tatsächlich keine negativen Empfindungen haben wird, kann dieses Signal dazu führen, dass er auch in Gegenwart des ehemals Angst oder Frust auslösenden Reizes ruhig bleibt.

Für den Aufbau suchen oder stellen Sie sich Situationen, in denen Ihr Hund reagieren würde, die Sie aber kontrollieren können. Ein Beispiel wäre die Angst vor eigenartigen Dingen.

Übung: Alles okay!

1 Platzieren Sie vor Ihrem Spaziergang und ohne Hund auf dem Spazierweg Gerätschaften, auf die Ihr Hund mit großer Wahrscheinlichkeit reagieren wird. Beispielsweise eine große Plastiktüte, einen herumliegenden Baumstamm, einen Mülleimer, der sonst woanders steht o.ä.

2 Gehen Sie mit Ihrem Hund den Weg entlang, bleiben Sie ruhig und entspannt und beobachten Sie Ihren Hund heimlich.

3 In dem Moment, in dem Ihr Hund den Gegenstand bemerkt und stehenbleibt oder anderweitig reagiert, bleiben Sie sofort stehen.

4 Versteifen Sie sich und flüstern Sie zu Ihrem Hund, halten Sie anfangs die Leine straff.

5 Schaut Ihr Hund nur und regt sich noch nicht auf, gehen Sie entweder ganz langsam und schleichend mit ihm auf den Gegenstand zu. Oder Sie geben ihm das Signal zum Bleiben und gehen selber langsam hin. Oder Sie binden Ihren Hund fest und gehen ebenfalls allein. Halten Sie so die Spannung.

6 Auf der Hälfte des Weges können Sie dann plötzlich ausatmen, sich lockern und laut »Alles okay!« sagen. Dann gehen Sie zum Gegenstand hin, benehmen sich für Ihren Hund sichtbar locker und entspannt und lassen ihn ebenfalls schauen. Spielen Sie am Gegenstand kurz mit Ihrem Hund, um die Anspannung abzubauen, und gehen Sie dann einfach weiter.

7 Regt Ihr Hund sich bei der ersten Sichtung schon auf, nehmen Sie ihn kommentarlos ein Stück weiter weg. Gehen Sie so weit weg, bis Ihr Hund zwar noch angespannt ist, aber nicht bellt, sondern die Spannung halten kann. Machen Sie dann dasselbe wie oben beschrieben.

Bei Hunden, die eher auf andere Hunde oder Menschen reagieren, können Sie Personen oder Hunde platzieren, mit denen Ihr Hund kein Problem hat. Er kann nach dem »Alles okay!« dann erkennen, dass es sich um seine Freunde handelt.

Achten Sie darauf, dass Sie das »Alles okay!« vor allem am Anfang wirklich nur dann sagen, wenn Ihrem Hund tatsächlich nichts passieren kann. Wenn also die Tüte nicht auf ihn zugeweht wird, er wirklich nicht von anderen Hunden angeknurrt wird und die Situation tatsächlich ohne Aufregung durchgestanden werden kann.

Dann werden Sie das Signal später auch in brenzligen Situationen nutzen können, um Ihren Hund ruhig zu halten und vernünftig führen zu können. Da viele Situationen erst eskalieren, weil der eigene Hund Unsicherheit zeigt, kann dieser Faktor mit dem trainierten Signal ausgeschaltet werden, und das Training hat größere Chancen, erfolgreich zu sein.

Desensibilisierung

Zum Kapitel »4.5 Zur Ruhe finden« gehört auch die Besprechung der Desensibilisierung. Bei einigen Problemen und Situationen ist dies das Mittel der Wahl. Desensibilisierung bedeutet, den Hund in kleinen Schritt an den angstauslösenden Reiz zu gewöhnen und die Angst oder Unsicherheit mit dem dazugehörigen Problemverhalten abzubauen. Hierbei helfen das zuvor verknüpfte Ruhesignal und Entspannungsrituale, wie Massagen etc. Eine Desensibilisierung ist immer dann möglich, wenn man Zeit hat und die reizauslösenden Situationen kontrollieren kann, also selbst aufsuchen und die Entfernung bestimmen kann.

Übung: Gewöhnung an Gruppe spielender/trainierender Hunde

1 Finden Sie die Entfernung zur Gruppe heraus, in der Ihr Hund die Hunde zwar bemerkt und leicht angespannt ist, aber sich noch beherrschen kann. Markieren Sie die Entfernung mit einer Linie oder einem anderen Zeichen.

2 Besorgen Sie sich ein gutes Buch und ein kleines Picknick und setzen Sie sich mit Ihrem Hund in dieser Entfernung hin.

3 Lässt Ihr Hund es zu, dann massieren Sie ihn und nutzen Sie Ihre Entspannungsübungen, um ihn zur Ruhe zu bringen.

4 Ist Ihr Hund entspannt, bleiben Sie noch weitere Minuten sitzen und beschäftigen sich mit sich selbst. Ihr Hund soll so Ihre eigene Ruhe und Entspannung übernehmen.

5 Wiederholen Sie das an mehreren Tagen in derselben Entfernung.

6 Reagiert Ihr Hund in dieser Entfernung gar nicht mehr auf die anderen Hunde, verringern Sie den Abstand beim nächsten Besuch um ein bis zwei Meter und machen dasselbe wie zuvor.

7 Markieren Sie sich jedes Mal mit einem Zeichen die Entfernung vom Reiz, um bei jeder Übung im selben Abstand beginnen zu können.

8 Haben Sie einen für sich akzeptablen Abstand zum Reiz erreicht, in dem Ihr Hund entspannt ist, beginnen Sie nun, mit Ihrem Hund kleine Übungen zu machen. Erhöhen Sie dafür jedoch die Entfernung wieder um einen Übungsschritt. Ihr Hund soll nun lernen, auch in Bewegung und etwas höherer Erregungslage nicht auf die Reize zu reagieren.

9 Machen Sie kleine Übungen, die er sicher beherrscht oder laufen Sie locker an der Leine mit ihm auf und ab. Reden Sie ruhig mit ihm, loben Sie ruhig und füttern Sie. Vermeiden Sie jedoch aufputschendes Freuen und übertriebenes Lob.

Denken Sie daran, dass die Dauer für eine erfolgreiche Desensibilisierung vor allem von Ihrer Geduld und Ihrem Einfühlungsvermögen abhängt. Gehen Sie auf das individuelle Verhalten Ihres Hundes ein. Mit größeren Schritten werden Sie nicht schneller zum Ziel kommen. Im Gegenteil, es besteht sogar die Gefahr, das Problem zu verstärken. Deshalb muss Ihr Ziel bei jedem Schritt sein, dass Ihr Hund entspannen und den Reiz aushalten kann.

 Es reicht keineswegs aus, wenn er sich auf Sie konzentriert und versucht, den Reiz auszuschalten. Er muss ihn wahrnehmen und damit umgehen können.

Ändert sich die Situation, weil Sie eine andere Gruppe spielender Hunde aufsuchen oder von der anderen Seite an die Gruppe herangehen o.ä., gehen Sie immer zuerst einen Entfernungsschritt zurück, so dass Sie sicher sein können, dass Ihr Hund sich tatsächlich nicht aufregen wird.

4.6 Körperkontrolle

Sich selbst zu beherrschen bedeutet, seinen Körper zu kontrollieren. Das ist nur möglich, wenn man seinen Körper kennt. Intelligenz hat sehr viel mit den motorischen Fähigkeiten zu tun (auch beim Menschen). Aus diesem Grund ist Bodenarbeit mit dem Hund ein sinnvolles Training für Impulskontrolle und Frusttoleranz. Sie können diverse Parcours auf dem Hundeplatz absolvieren oder sich selbst eigene zu Hause aufbauen.

Folgende Ideen können Ihnen dabei helfen:

Achten Sie bei diesen Übungen unbedingt darauf, dass Sie die Leine locker halten. Ihr Hund braucht die Sicherheit, sich selbst halten zu können. Da Sie nicht einschätzen können, wann er welches Bein belastet, verunsichern Sie ihn, wenn Sie die Leine straff halten, denn er kann dann nicht selbst das Gleichgewicht finden.

Tanz um die Pylonen

Stellen Sie drei Pylonen so dicht aneinander, dass Ihr Hund gerade hindurchgehen kann. Eine weitere Pylone steht am Anfang und noch eine am Ende dieser Reihe mit einem Abstand von zwei Metern.

Führen Sie Ihren Hund mit einem Leckerchen in der Hand linksherum zweimal um die Pylone. Sie gehen dabei nicht mit, sondern führen nur mit dem Leckerchen. Ihr Hund kreist dicht an der Pylone, so dass sich sein Körper deutlich »biegt«.

Führen Sie ihn dann im Slalom um die drei eng gestellten Pylonen herum. Auch hier gehen Sie nicht mit in den Slalom, sondern gehen an der Seite mit.

Um die letzte Pylone führen Sie den Hund wie bei der ersten, jetzt jedoch rechts herum.

Wiederholen Sie das dreimal, bis es flüssig läuft.

Hindernislauf

Überall, wo der Hund seine Beine heben muss, und zwar auch die Hinterbeine, lernt er seinen Körper besser kennen.

Stangenmikado

Das fängt an mit dem bekannten Stangenmikado, bei dem viele Besenstiele oder Stangen (beispielsweise aus dem slalom des Agilityparcours) übereinander gelegt werden. Der Hund muss sie vorsichtig überqueren, um nicht zu stolpern. Hunde müssen erst oft lernen, dass sie auch Hinterbeine haben.

Wunderbare Hindernisläufe kann man mit dem Hund auch im tiefen Wald machen. Gerade Kiefernwälder mit viel totem Holz sind dafür bestens geeignet.

Baumstammberge und Stoppelfelder

Aber auch Baumstammberge (auf Sicherheit achten!) und Stoppelfelder sind perfekt dafür. Gerade abgemähte Maisfelder bieten ein tolles Labyrinth und dürfen in der Regel auch betreten werden. Lassen Sie Ihren Hund absitzen und bleiben, gehen Sie selbst zehn bis zwanzig Meter weit weg und rufen ihn dann ruhig zu sich. Ruhig, damit er nicht durch das Feld rast und sich an den Stoppeln verletzt. Sie können auch Leckerchen auf dem Feld verstreuen und ihn suchen lassen. So muss er ebenfalls aufpassen, wohin er läuft, und schaut dabei auch noch auf den Boden.

Tiefschnee, Pfützen, Autoreifen

Im Winter ist es abseits der Wege im Tiefschnee nicht nur anstrengend, man muss auch jedes Bein hoch genug heben, um vorwärts zu kommen.

Ebenso sind flache Pfützen meist gut zu nutzen, wenn der Hund mitmacht.

Wer noch Autoreifen übrig hat, kann mit ihnen eine tolle Laufstrecke bauen, durch die der Hund langsam gehen muss. Lassen Sie ihn nicht springen, sondern

Schritt für Schritt erforschen. Kleine Leckerchen in den Reifen können dabei helfen. Mit der Leine stoppen Sie ihn nur, wenn er zu schnell wird. Gelaufen wird nur, wenn die Leine locker ist.

Kavalettis

Und natürlich sind auch die Kavalettis aus dem Pferdesport gut einzusetzen. Man kann sie teuer kaufen oder für diesen Zweck einfach bauen: Zwei Ziegelsteine und ein langer Ast, reichen hierfür oftmals schon. Verändern Sie die Abstände zwischen den einzelnen Kavalettis, damit der Hund mal sofort mit dem zweiten Vorderbein weitergehen muss oder aber erst mit allen Beinen zwischen zweien zum Stehen kommt. Wichtig ist, die Hinterbeine mitzunehmen und nichts runterzureißen.

Leitern

Auch alte Leitern bieten eine Möglichkeit, das Heben von Beinen zu trainieren. Achten Sie wie immer darauf, dass Ihr Hund nicht über die Sprossen springt, sondern jedes Bein einzeln setzen muss. Sie können ihm helfen, indem Sie mit der Hand zwischen die Sprossen zeigen und ruhig und langsam neben ihm gehen. Oder Sie gehen rückwärts von ihm weg und locken ihn so langsam hinter sich her. Er wird dadurch daran gehindert, zu schnell zu werden. Springt Ihr Hund seitlich aus der Leiter heraus, führen Sie ihn mit Handzeichen ruhig wieder zurück.

Gleichgewichtstraining

Der Gleichgewichtssinn hat ebenfalls einen Einfluss auf soziale Kompetenzen und das Körpergefühl. Und man kann ihn wunderbar von Beginn an trainieren. In vielen Büchern zur Beschäftigung und Förderung von Kleinkindern findet man tolle Ideen, wie zum Beispiel diese:

Das Bällebad

Nehmen Sie eine Planschwanne für Kinder, zum Beispiel die Muscheln oder Schildkröten aus Plastik, die es jedes Jahr im Baumarkt gibt. Füllen Sie sie mit

 Plastikbällen, die es ebenfalls zu kaufen gibt. Die Bälle sollten so groß sein, dass die Hunde sie nicht herunterschlucken können, aber dennoch so klein, dass man aufpassen muss, wo man hinläuft. Nun können Sie zwischen den Bällen Leckerchen verstecken, die der Hund suchen darf.

Die Ballonmatratze

Nehmen Sie einen möglichst großen Bettbezug und füllen Sie ihn mit halb-aufgeblasenen Luftballons. Über diese Ballonmatratze führen Sie Ihren Hund nun mehrmals. Gehen Sie nur langsam mit Ihrem Hund und reden Sie ruhig mit ihm. Er soll sich auf den Weg konzentrieren und keine Panik bekommen. Stoppen Sie ihn, wenn er zu schnell wird und halten Sie ihn eventuell sanft fest, bis er sich beruhigt hat. Dann lassen Sie ihn wieder los und gehen weiter.Luftmatratze

Auch eine ganz normale Luftmatratze dient dem Training des Gleichge-wichts. Es sollte nur keine Matratze aus Plastik sein, sondern besser eine Stoff-matratze, um das Zerstören durch die Krallen zumindest eine Zeitlang hinaus-zuzögern. Blasen Sie die Matratze auch nur halb auf. Je besser Ihr Hund läuft, desto mehr Luft können Sie hineinblasen.

Gefrorene Seen

Im Winter sind gefrorene Seen eine tolle Übungsstrecke. Aber auch hier ach-ten Sie besser darauf, dass Ihr Hund nicht panisch wird, und lassen ihn an der Leine. Gelaufen wird jedoch nur, wenn die Leine locker ist und er auf allen vier Beinen selbständig steht. Ihr Hund lernt so nicht nur, seinen eigenen Fähigkeiten zu vertrauen, sondern auch Ihnen.

Glatte Böden

Im Sommer, wenn die Seen nicht gefroren sind, tun es auch Geschäfte mit glatten Fliesen oder anderen glatten Böden. Hunde, die darauf nicht laufen kön-nen, bleiben oft stocksteif stehen oder versuchen, panisch wegzurennen. Deshalb ist Ruhe hier wieder die wichtigste Grundvoraussetzung. Halten Sie Ihren Hund mit einer Hand am Geschirr oder Halsband fest, mit der anderen Hand berühren Sie seine Seite. Warten Sie ab, bis Ihr Hund ruhig steht, dann lockern Sie den Griff etwas. Fassen Sie erneut zu, wenn er wieder anfängt zu rutschen. Erst wenn er selbst stehen kann, reden Sie ihm zu, ein Stück zu laufen. Beim Laufen nehmen Sie die Hände vom Hund weg, denn diese stören sein Gleichgewichtsgefühl. Wird er panisch, fassen Sie sofort wieder zu.

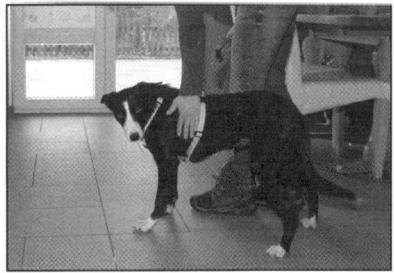

Hunde in Hotels oder Kaufhäusern haben oftmals mit glatten Böden zu kämpfen. Unterstützen Sie durch ruhigen Körperkontakt.

Lassen Sie die Leine immer locker, um das Gleichgewicht Ihres Hundes nicht zu beeinflussen.

Fahrstuhl

Auch im Fahrstuhl muss der Hund sein Gleichgewicht balancieren. Ist er unruhig, fassen Sie ihn an. Auch eine Hand, die ihn nur berührt, kann ihm helfen. Ziehen oder schieben Sie ihn jedoch nicht!

4.7 Richtig beschäftigen

Natürlich benötigt Ihr Hund Bewegung und Auslastung. Körperlich und geistig. Aber er benötigt nicht mehr als andere, weil er hibbeliger ist. Er braucht nur ausgewähltere Beschäftigung. Während Sie vielleicht meinen, Ihren Hund körperlich zu fordern indem Sie ihn mit Frisbee und Ball beschäftigen, lernt Ihr Hund dabei immer heftiger und schneller zu reagieren. Denn jedes Rasen ohne Kontrolle verstärkt das dopaminerge System und verhindert Impulskontrolle. Ihr Hund ist aufgedrehter als zuvor, auch wenn er vielleicht direkt nach dem Spiel geschafft scheint. Auslastend sind vielmehr Dinge, die den Hund kräftemäßig fordern wie Bergsteigen, ruhiges Ausdauerlaufen mit oder ohne Fahrrad und lange einsame Spaziergänge.

Spiele, die die Erregung steigern	Arbeit, die ermüdet
Sprints, Ballspiele, Frisbee, Fangspiele, Spaziergänge mit vielen anderen Hunden	*Futterbeutelarbeit, Fährtenarbeit, über Bäume balancieren oder Berge erklimmen, durch tiefen Schnee waten oder vorsichtig über abgemähte Stoppelfelder laufen, Suchspiele, Üben von ruhigen Tricks*

Hunde, die Probleme mit Ihrer Impulskontrolle haben, laufen häufig den ganzen Tag auf Hochtouren. Gerade Hunde, die als hyperaktiv gelten, werden meist falsch verstanden und durch falsche Behandlung noch mehr gepuscht. Das fängt damit an, dass die Unruhe dieser Hunde verstanden wird als Unterbeschäftigung, und sie dementsprechend mehr und immer mehr beschäftigt und bespielt werden. Leider zu oft mit für Menschen bequemen Spielen wie Ballwerfen, Highspeed-Fahrrad fahren und anderen dopaminproduzierenden Spielen. Auch das Alleinbleiben im Garten oder auf dem Hof, damit »der unterbeschäftigte Hund sich selbst beschäftigen kann«, gehört dazu.

Doch durch diese Maßnahmen verschlimmert sich das Verhalten der Hunde oft erheblich. Solche Hunde finden im Garten keine Ruhe, tigern oft umher und beginnen, schlechte Angewohnheiten anzunehmen, wie das Verbellen von Passanten, Jagen von vorbeifahrenden Autos, Buddeln oder auch Stereotypien, wie das Schwanzjagen, am Zaun auf und ab rennen, sich an der Mauer schubbern, Fliegen schnappen und anderes. Sie können sich nicht sinngebend beschäftigen, sondern benötigen kleine dunkle Ruheecken, bis der Mensch wieder Zeit für sie hat. Helfen können hier Hundehütten oder Pausen im Haus und in der Box.

Wichtiger für diese Hunde ist langanhaltendes und ruhiges Training.

Fahrrad fahren und Joggen

Fahrrad fahren oder joggen mögen die meisten Hunde gern. Es ist auch eine schöne Beschäftigung, jedoch nur, wenn der Hund dabei trabt statt zu rasen und es auch länger als fünf Minuten dauert. Suchen Sie sich daher Strecken aus, die ruhig, beschaulich und lang sind und gönnen Sie sich und Ihrem Hund diese langsame Verausgabung. Der Hund wird dabei körperlich müde, aber nicht überdreht. Das liegt daran, dass gleichmäßige, sich wiederholende Bewegungen den Taktgeber des Gehirns anregen und somit das Gehirn beruhigen. Der neurologische Vorgang ist dem der Stereotypie sehr ähnlich. Rhythmische Bewegungen wie das Auf- und Ablaufen, Radfahren und Joggen sind daher zur Beruhigung aufgeregter Hunde sehr zu empfehlen.

Wandern

Wandern ist ebenfalls eine schöne und langsam erschöpfende Beschäftigung. Leider geht das bei der arbeitenden Bevölkerung oft nur an den Wochenenden oder an freien Tagen. Nutzen Sie diese jedoch unbedingt und gönnen Sie es sich und Ihrem Hund. Dabei können durchaus hohe Berggipfel erklommen und Steinwüsten bewältigt werden. Beim Wandern ist es weniger das rhythmische Bewegen, was zur Auslastung führt, sondern mehr, dass der Hund darauf achten muss, wo er seine Pfoten hinsetzt, sich auf den Weg und seinen Körper konzentrieren muss und sich langsam aber lange verausgabt.

Suchen

Eine ruhige und konzentrierte Beschäftigung, wenn auch nicht unbedingt entspannend ist auch das Suchen. Ob als Fährtenarbeit, Futterbeutelsuche oder einfach weit gestreuten Leckerchen, immer muss der Hund seine Nase einsetzen, was sehr anstrengend und erschöpfend ist. Riechen ist Arbeit. Im Gegensatz zu einem gängigen Vorurteil riechen Hunde nicht 24 Stunden am Tag, sondern müssen genau wie wir bewusst »schnüffeln«, um einen Duft aufzunehmen. Gelernt werden muss auch, woher dieser Geruch kommt und in welche Richtung er verschwindet. Das bedeutet höchste Konzentration und steht damit im Gegensatz zu den plötzlichen und hochpuschenden Reiz-Reaktionsketten wie beim Ballwerfen.

Achten Sie bei Suchaufgaben darauf, den Hund nicht zu unterfordern. Hunde sind sehr viel besser als Menschen in diesem Job, was dazu führt, dass der Mensch die Aufgaben zu einfach gestaltet. Ein Hund, der gestreute Leckerchen schnell findet, benötigt alsbald anspruchsvollere Aufgaben, wie Geruchsfährten, dreidimensional versteckte Leckerchenbeutel und Konditionierung auf einen Duft statt auf Leckerchen. Zu diesen speziellen Beschäftigungsmöglichkeiten gibt es sowohl gute Bücher auf dem Markt als auch entsprechende Seminare.

Das Streuen von Leckerchen kann aber eine schnelle Möglichkeit sein, den Hund abzulenken oder etwas zu beruhigen.

Zusammenfassung Kapitel 4: Arbeiten mit dem Problemhund

Im Alltag lassen sich viele kleine Dinge verändern, die die Ruhe des Hundes, seine Konzentrationsfähigkeit und Körperkontrolle verbessern. Ganz spezielle Übungen schulen sowohl die Selbstwahrnehmung und Intelligenz des Hundes als auch die Geduld und Ruhe des Besitzers.

Ein impulsiver Hund wird keine Schlaftablette werden, aber bei Einhaltung der Spielregeln, die in diesem Kapitel erläutert wurden, ist extremes Verhalten kontrollierbar und etwas einzudämmen. Grundregel des Umgangs mit impulsiven Hunden ist, Freiwilligkeit beim Hund zu erreichen und mit ihm zu arbeiten statt gegen ihn.

Medikamente

»Gift in den Händen eines Weisen ist ein Heilmittel,
ein Heilmittel in den Händen eines Toren ist ein Gift.«

(Giacomo Girolamo Casanova)

5. Medikamente

An Medikamente, Psychopharmaka, denkt man häufig sehr schnell, wenn es um Verhaltensstörungen geht. Auch beim Menschen werden diese Präparate oftmals erfolgreich eingesetzt. Doch entgegen der erfolgversprechenden Annahme kann ein Medikament niemals eine schnelle Lösung bei einem ernsten Verhaltensproblem sein.

Dafür gibt es viel zu wenige und viel zu kleine standardisierte wissenschaftliche Studien zur Effektivität solcher Medikamente. Das liegt vor allem daran, dass kaum Vergleiche zwischen den Wirkweisen möglich sind, solange es keine einheitlichen Definitionen der diversen Verhaltensauffälligkeiten gibt. Und die gibt es nicht, solange die zugrunde liegende chemische Komponente nicht hinreichend geklärt ist. Der Hund beißt sich also in den Schwanz.

Die einheitlichsten Untersuchungen zur Wirksamkeit von Medikamenten gibt es bislang vor allem im Bereich von stereotypen Verhaltensauffälligkeiten. Alle weiteren Verhaltensprobleme werden noch stärker als Stereotypien von vielen anderen Faktoren wie dem Besitzer und der Umwelt beeinflusst.

Auch die therapeutischen Dosen sind meist unbekannt und müssen individuell getestet werden. Genauso wie die Wahl des richtigen Medikaments, welches individuell verschieden sein kann und dazu führt, dass Tierarzt und Besitzer eigene Versuche starten müssen, was Geld und sehr viel Zeit kostet.

Zeit vor allem deshalb, weil fast alle in Frage kommenden Substanzen über mehrere Wochen eingeschlichen werden müssen und nach subjektivem Erfolg oder Nichterfolg ebenso langsam wieder ausgeschlichen werden müssen. Wird ein neues Medikament getestet, muss das alte zuerst völlig aus dem Körper entfernt sein, um Wechselwirkungen mit anderen Mitteln zu vermeiden.

Die bislang am besten getesteten Substanzen bei Tieren sind die serotoninbeeinflussenden Wirkstoffe.

5.1 Serotonin-Wiederaufnahmehemmer (SRI)

Zu den SRIs gehören sowohl die trizyklischen Antidepressiva wie Clomipramin als auch atypische Antidepressiva (selektive Serotonin-Wiederaufnahmehemmer) wie Fluoxetine, Paroxetine und Sertraline. Sie hemmen die Aufnahmefähigkeit der Serotonintransporter in der Präsynapse und bewirken dadurch eine höhere Konzentration des Neurotransmitters im Gehirn. Da eine Wirkung jedoch erst bei einer mehrwöchigen Einnahme auftritt, wird die einfache Anreicherung von Serotonin nicht die alleinige Erklärung sein. Wahrscheinlich ist, dass durch das vermehrt vorhandene Serotonin weitere Signalketten angestoßen werden und es seine Wirkung auch in anderen Hirnbereichen entfalten kann.

Das Ein- und Ausschleichen des Medikaments ist sehr wichtig, um u.a. den so genannten »Rebound-Effekt« zu verhindern. Bei plötzlichem Absetzen besteht die Gefahr, dass zeitweise eine stark reduzierte serotonerge Funktion eintritt, mit all ihren unerwünschten Nebenwirkungen.

Überhaupt treten Nebenwirkungen wie Lethargie und Appetitlosigkeit anscheinend häufig auf. Clomipramin, welches eine ca. 40-prozentige Erfolgsquote bei der Behandlung von stereotypen Verhalten zeigt, ist mit seiner geringen Halbwertszeit von etwa neun Stunden sehr viel unpraktischer im Alltag anzuwenden als Fluoxetine.

Während die Nebenwirkungsgefahr bei Clomipramin aufgrund seines anticholinergen Effekts höher ist als bei Fluoxetin, besteht bei diesem wiederum die Gefahr einer Steigerung der Hyperaktivität.

5.2 Serotonin-Agonisten

Serotonin-Agonisten sind Substanzen, die die Serotonin-Rezeptoren aktivieren und dadurch selbst serotonerg wirken. Sie steigern gleichzeitig den Umsatz von Dopamin und Noradrenalin.

Bekanntester Vertreter ist das Buspiron, welches als angstlösendes Mittel eingesetzt wird. Es muss über mehrere Wochen eingeschlichen werden, hat auf stereotypes Verhalten bislang keine nachgewiesene Wirkung.

5.3 L-Tryptophan

Als Vorstufe von Serotonin hat L-Tryptophan die Fähigkeit, die Blut-Hirn-Schranke zu passieren, so dass daraus im Gehirn Serotonin gebildet werden kann. Die reine Gabe von Serotonin würde aufgrund dieser Schranke nicht im Gehirn ankommen. In Form von bspw. Relaxan ® kann L-Tryptophan zusammen mit Calciumcarbonat und Fettsäuren (zur besseren Verwertbarkeit) gegeben werden. Erfolge wurden diesbezüglich bei Tieren mit selbstverletzendem Verhalten beobachtet.

Weitere Möglichkeiten, Tryptophan als Vorstufe zu nutzen ist die Fütterung bestimmter Nahrungsmittel. Im Kapitel zur Ernährung wird darauf noch genauer eingegangen.

5.4 Dopamin beeinflussende Substanzen

Dopamin beeinflussende Substanzen sind so genannte Neuroleptika, wie Haloperidol, und Monoaminooxidase-Hemmer, wie Selegilin.

Während Haloperidol aufgrund seiner ernsten körperlichen Nebenwirkungen bei Hunden kaum angewandt wird, ist Selegilin bei der Behandlung von Stereotypien mittlerweile recht weit verbreitet. Zudem ist es mit einer ca. 80-prozentigen akuten Erfolgsrate oft ein guter Einstieg in die Verhaltenstherapie.

Im Gegensatz zum Erfolg bei Stereotypien scheint es kaum positive Auswirkungen auf die Heilung von zwanghaftem Verhalten zu geben. Da zwischen beiden der Übergang oft fließend ist, sind auch hier individuelle Versuche an der Tagesordnung.

5.5 Opioid-Antagonisten

Opioid-Antagonisten heften sich an verschiedene Rezeptoren und hemmen diese reversibel, ohne sie jedoch zu aktivieren. Zu ihnen gehören die Substanzen Naloxone und Naltrexone. Die kurzfristigen schnellen Effekte bei überzogen selbststimulierendem Verhalten werden durch die unpraktische Anwendung meist wieder zunichte gemacht. Vor allem Naloxone entfaltet seine Wirkung nicht oral, sondern muss gespritzt werden und hat eine maximale Halbwertszeit von 70 Minuten.

Bei sehr schweren Fällen kann jedoch auch hier eine kurzfristige Unterbrechung einen Ansatz für eine Verhaltenstherapie bieten. So konnte bei intramuskulärer Gabe das Schwanzjagen bei einem Bullterrier für drei Stunden unterbrochen werden.

Insgesamt gibt es jedoch auch gerade bei diesen Substanzen noch viel zu wenig aussagekräftige Studien und Untersuchungen. Die Anwendungen bei Haushunden ist sehr selten und wird nur in sehr schwerwiegenden Fällen in Erwägung gezogen.

Zusammenfassung Kapitel 5: Medikamente

Aufgrund der verschiedenen und sehr vielfältigen Einflussfaktoren wird es zumindest momentan noch immer ein individuelles Versuchen sein, das richtige Medikament zu finden. Bei dieser Suche, die sowohl finanziell als auch zeitlich aufwändig sein kann, kann nur ein versierter und entsprechend in Verhaltensfragen ausgebildeter Tierarzt helfen, sowie ein geduldiger, gut und neutral beobachtender Besitzer.

Zudem kann eine medikamentöse Behandlung niemals die verhaltenstherapeutische Betreuung, das Training und die Prüfung der Lebensumstände ersetzen, sondern ausschließlich ergänzen.

Zumindest ist nachgewiesen, dass in sehr schwer verhaltensgestörten Fällen weder eine reine Verhaltenstherapie noch eine reine medikamentöse Therapie langfristigen Erfolg verspricht. Nur die Kombination von beidem plus viel Geduld und Können kann Aussicht auf Verbesserung geben.

Und auch dies kann nur erfolgreich sein, wenn die Umweltbedingungen stimmen. Einen isolierten Zwingerhund mit selbstverletzendem Verhalten kann man weder mit Medikamenten noch einer Verhaltenstherapie heilen, wenn er nicht aus der Isolation herausgeholt und in eine ihm entsprechende Umwelt gebracht wird.

Sind diese Voraussetzungen jedoch erfüllt, sind auch die Erfolgsaussichten gut, und Verbesserungen sind in der Regel immer zu erwarten.

Ernährung

»Du musst nicht nur mit dem Munde, sondern auch mit dem Kopfe essen, damit dich nicht die Naschhaftigkeit des Mundes zugrunde richtet.«

(Friedrich Nietzsche)

6. Ernährung

Viele Hunde mit Impulskontrollstörungen zeigen neben dem genannten Verhalten auch körperliche Symptome. Dazu gehören Hautprobleme genauso wie allergische Reaktionen, erhöhte Infektanfälligkeit, Juckreiz, schlechte Zähne und Krallen sowie Ohrprobleme. Oftmals bedingt das Eine das Andere. Ein Hund kann aufgrund von starkem Juckreiz ein zwanghaftes Lecken entwickeln. Oder aber aufgrund von Stress anfangen zu lecken und Hautprobleme bekommen. Oft weiß man nicht, was zuerst war und meist bedingt sich beides gegenseitig. Aus diesem Grund ist es sinnvoll, das Problem auch von beiden Seiten anzugehen. Sind die organischen Ursachen geklärt, wie bspw. eine Schilddrüsenproblematik, die massiv in den Hirnstoffwechsel eingreift, oder Bauchspeicheldrüsenprobleme, Nierenprobleme u. ä. ist die Ernährung ein wichtiger Punkt, den es anzusehen gilt.

Man ist, was man isst. Dieses Sprichwort drückt aus, was die Natur eingerichtet hat. Unser Körper baut sich aus den Stoffen auf, die wir ihm zuführen. Ernährung ist daher grundlegend beteiligt an der Entwicklung und Ausgestaltung unseres Körpers. Vergessen wird dabei oft, dass auch das Gehirn nicht nur aus scheinbar substanzlosem Geist besteht, sondern vor allem aus natürlichen Stoffen, deren Zusammenarbeit unsere Persönlichkeit und unser Verhalten formen.

Dies gilt natürlich für alle Lebewesen, also auch unsere Hunde. Dieses Kapitel soll kein Plädoyer für oder gegen Fertig- bzw. selbst hergestellte Nahrung für Hunde sein. Es soll aber aufmerksam darauf machen, welchen Anteil die Ernährung an unserem Verhalten haben kann.

Gleichzeitig muss darauf hingewiesen werden, dass die Ernährung nicht den alleinigen Anteil am Verhalten ausmacht, wie vielfach diskutiert wird.

Zuviel Zucker als Auslöser von ADHS bei Kindern ist genauso eine Pauschalaussage, wie die Aussage, dass zuviel Protein im Hundefutter hibbelig macht. Es ist der Komplexität von Lebewesen geschuldet, dass es auf das Zusammenspiel aller Dinge ankommt, die zu bestimmten Krankheitsbildern führen. Ein Hund, der durch schlechte Startbedingungen schon dazu neigt, sehr impulsiv zu reagieren, wird vielleicht auf bestimmte Nahrungskomponenten noch hibbeliger reagieren als ein Hund mit guten Voraussetzungen, bei dem man nichts bemerkt.

Dennoch werden durch Nahrung Stoffe zugeführt, die nicht nur dazu dienen, dass der Körper wächst und sich entwickelt, sondern auch Stoffe, die das Gehirn zum Arbeiten benötigt. Eine ausgewogene Ernährung, die dem Lebewesen und seiner Lebensweise angemessen ist, bedeutet, dass das Tier meist unregelmäßig alle nötigen Stoffe in ausreichender Menge zur Verfügung hat. Eine genaue Analyse der Stoffe, die der Hund benötigt, ist kaum möglich und selbst beim Menschen nicht existent.

Man weiß jedoch mittlerweile viel, um sowohl uns als auch unseren Hund ausreichend gesund ernähren zu können. Ein Großteil der wichtigen Elemente ist den meisten Fertigfuttermitteln beigemischt oder kann problemlos durch Speisepläne verabreicht werden. Durch das Wechseln von Futtermitteln bzw. das Füttern immer mal verschiedener Speisen, am besten saisonabhängig, verringert man das Risiko dass unbekannte Komponenten in ausreichender Menge fehlen könnten.

Dass frische Speisen gewöhnlich gesünder sind als haltbar gemachtes Essen, ist ebenfalls bekannt, obwohl die Nahrungsmittelindustrie mit chemisch hergestellten Vitaminen etc. sehr nah an den Naturprodukten ist und viele künstliche Vitamine sich tatsächlich auch in ihrer Wirkweise nicht von natürlichen unterscheiden. Abweichungen bezüglich der Wirksamkeit gibt es bei einzelnen Stoffen wie beispielsweise Vitamin E, welches natürlicherweise als Mischung von Tocopherolen und Tocotrienolen auftritt und gesünder ist als die künstliche Variante, die oft nur die am besten untersuchte Form beinhaltet, das alpha-Tocopherol.

Die häufig beworbene einfache Zugabe von einzelnen Vitaminen, Fetten, Aminosäuren, Enzymen etc. ist jedoch oftmals nicht sehr sinnvoll, dafür aber teuer. Der Grund ist, dass viele Stoffe nur dann wirken können, wenn sie auch am Bestimmungsort ankommen. Das klappt oft nur mit Hilfe anderer Stoffe, die den Weg bereiten. So wird Vitamin C beispielsweise viel besser zu den Mitochondrien (den Kraftwerken der Zelle) transportiert, wenn es als oxidierte Form von Ascorbinsäure, also DHA (Dehydroxyascorbinsäure) eingenommen wird. DHA wird dann durch Glucosetransporter durch die Blut-Hirn-Schranke transportiert und zu Vitamin C regeneriert. Wird gleichzeitig aber zuviel Glucose (Zucker) verabreicht, sind die Transporter, die sowohl Glucose als auch DHA transportieren, besetzt und das DHA wird vorher verstoffwechselt.

Eine Substituierung, also Ergänzung von Nahrungsmitteln mit Vitaminen und Co. ist demnach nur mit einem ausreichenden Grundwissen wirklich sinnvoll.

Eine genaue Erläuterung der bekannten Stoffwechselwege und Zusatzstoffe würde hier den Rahmen sprengen. Einige wichtige Ergänzungsmittel mit Einfluss auf die Impulskontrolle werden dennoch kurz erläutert.

Tryptophan

Wie schon weiter oben im Buch erläutert, wird das Hormon Serotonin, welches eine wichtige Rolle bei Impulskontrollstörungen spielt, aus der Aminosäure L-Tryptophan gebildet. L-Tryptophan ist eine essentielle Aminosäure, was bedeutet, dass sie nicht vom Körper gebildet werden kann. Sie muss über die Nahrung zugeführt werden. Tryptophan kann die Blut-Hirn-Schranke passieren, was bedeutet, dass es im Gehirn, wo es gebraucht wird, zu Serotonin umgewandelt wird. Serotonin selbst schafft es nicht direkt in das Gehirn hinein, sondern wird vorher im Körper verstoffwechselt. Das Zufüttern von Serotonin ist also nicht sinnvoll.

Wie schon weiter oben beschrieben, kann man bei Diäten bzw. in Zeiten mit wenig Nährstoffangebot Glücksgefühle empfinden und der Hunger lässt nach. Das liegt daran, dass Tryptophan dann die größte Chance hat, durch die Blut-Hirn-Schranke zu gelangen, wenn der Anteil anderer Aminosäuren, mit denen es um Transporter konkurriert, gering ist.

Für die Gabe von tryptophanhaltigen Speisen ist es also sinnvoll, eine längere Zeit nach dem letzten Füttern zu warten. Eine Möglichkeit bei Hunden ist auch, 1 Teil Protein auf 5-6 Teile Kohlenhydrate zu verfüttern. In einer Studie an Hunden wurde eine dadurch begünstigte Bildung von Serotonin im Gehirn anhand von Verhaltensänderungen u.a. aggressiver Hunde untersucht. Der Theorie Steven Lindsays nach soll durch diese Diät die Insulinproduktion gesteigert werden und dadurch die Aufnahme von Aminosäuren ins Muskelgewebe unterstützt werden. Da Tryptophan wenig von der Insulinsekretion beeinflusst ist, hat es auch hier wieder bessere Chancen, durch die Blut-Hirn-Schranke zu gelangen

Für die Umwandlung von Tryptophan zu Serotonin werden außerdem Vitamine der B-Gruppe (B6 und B3), sowie Magnesium benötigt.

Tryptophan ist in Nahrungsmitteln wie Nüssen, Quark, Geflügel und Fisch enthalten. Es gibt auch für Hunde zugelassene Nahrungsergänzungsmittel wie Relaxan, Relax Plus, Vivo Sed und Sedarom. Alle enthalten die Aminosäure L-Tryptophan sowie einige Ergänzungsstoffe wie Magnesium und Calciumcarbonat.

Casozepin

Alpha-Casozepin oder Caseinhydrolysat wirkt beruhigend auf den Organismus von Hund und Katze und beeinflusst das Wohlbefinden positiv, indem es GABA-Rezeptoren blockiert und somit eine ähnliche Wirkung hat wie Tranquilizer. Casozepin verändert den Rezeptor und verstärkt damit die hemmende Wirkung der an dieser Stelle andockenden Gamma-Amino-Buttersäure im Gehirn. Die Wirkung ist ähnlich wie bei Benzodiazepinen kurzfristig angstlösend, krampflösend, beruhigend und schlaffördernd.

Casozepin ist Bestandteil des Medikaments »Zylkéne«.

Zusatzstoffe

Methionin

Methionin ist ebenfalls eine essentielle Aminosäure, die der Körper nicht selbst herstellen kann. Es ist unter anderem enthalten in Nüssen, rohem Lachs und rohem Rind- und Hühnerfleisch enthalten. Im Gehirn wird Methionin umgewandelt in S-Adenosyl-Methionin (SAM), welche eine wichtige Rolle bei der

Biosynthese verschiedener Neurotransmitter und dem Aufbau von Proteinen spielt. Methionin kann als Nahrungsergänzungsmittel für Menschen erworben werden.

Fettsäuren

Fettsäuren spielen eine herausragende Rolle bei Stoffwechselvorgängen im Körper und haben zudem einen Einfluss auf das Immunsystem. In Studien an Menschen wurde nachgewiesen, dass viele Hautprobleme und Allergien mit dem Fehlen von Fettsäuren in Verbindung gebracht werden kann. Interessant und wichtig sind vor allem die essentiellen Omega 6 (AA)und Omega 3 (DHA, EPA) Fettsäuren, die am Aufbau der Zellmembranen beteiligt sind und im Gehirn eine entscheidende Rolle für Konzentration und Impulskontrolle spielen.

In mehrere Studien an Menschen zeigte sich ein großer Einfluss auf Emotionen, Depression sowie Ängste. Der Körper kann Fettsäuren ebenfalls nicht selbst herstellen und muss sie über die Nahrung zu sich nehmen. Sie sind vor allem enthalten in Seefisch und pflanzlichen Ölen, können aber auch als Fischölkapseln, Lebertran oder vegetarisches DHA/EPA erworben werden.

Da der Hirnstoffwechsel des Hundes in diesen Bereichen dem des Menschen gleicht, kann man von ähnlich positiven Eigenschaften ausgehen. Studien an Hunden sind mir zurzeit nicht bekannt.

Magnesium

Ein weiterer essentieller Stoff ist das Magnesium. Neben seiner immunologischen Wirksamkeit hat es Einfluss auf Muskelzellen und die Nervenzellen des Gehirns. Beim Menschen führt ein Magnesiummangel neben physiologischen Problemen auch zu Konzentrationsschwäche, Nervosität und Reizbarkeit.

Johanniskraut, Ingwer, Hopfen und Co.

Auch pflanzliche Wirkstoffe zeigen nachgewiesene Erfolge, wie beispielsweise Johanniskraut. Eine genauere Auflistung und Erläuterung würde hier jedoch zu weit führen.

Allergien

Allergische Reaktionen auf bestimmte Futtermittel treten wie schon beschrieben bei hibbeligen, impulskontrollgestörten Hunden häufiger auf. Reaktionen können von Juckreiz und starken Hautentzündungen über Nagelprobleme, Zahnprobleme und Ohrenentzündungen bis hin zu Verdauungsproblemen reichen. Das mag mit einem schlechteren Immunsystem zusammenhängen, welches durch eine ausgewogene Vitamin- und Mineralstoffgabe beeinflusst werden kann. Dennoch sollten Sie parallel austesten, worauf Ihr Hund genau allergisch reagiert, um diesen Faktor als zusätzlichen Stressfaktor auszuschließen.

Die häufigsten Reaktionen erfolgen erfahrungsgemäß auf proteinreiche Futtermittel, Gluten (Klebereiweiß im Getreide), Konservierungsstoffe und künstliche Zusatzstoffe (z. B. Natriumnitrit, Natriumglutamat, Sulfite, Benzoate, Benzoesäure, künstliche und natürliche Farbstoffe, einige Aromen und Gummierzeugnisse pflanzlicher Herkunft). In der Regel sind die größeren Eiweißmoleküle die Ursache für eine allergische Reaktion. Die kleineren Moleküle von Farb- und Konservierungsstoffen verstärken die Allergie lediglich.

Testen Sie das aus, indem Sie Ihren Hund eine Zeitlang mit einem allergiearmen Futter mit nur einer Fleischkomponente und ohne Getreide füttern und sein problematisches Verhalten in Intensität und Dauer aufschreiben. Fügen Sie nun Schritt für Schritt weitere Komponenten hinzu, wobei Sie sich veränderndes Verhalten schriftlich festhalten sollten. Um sicher zu sein, testen Sie einzelne Schritte zweimal, um umweltbedingte Faktoren ausschließen zu können.

Wenn Sie roh füttern, ist Lamm- oder Pferdefleisch am allergieärmsten, und neue Bestandteile können gezielter als bei Trockenfuttermitteln auseinandergehalten werden.

Allergien sind zum Teil auch Kopfsache. Sie können durchaus verschwinden, wenn der dem Hund Stress verursachende Faktor verschwindet. Verbesserte Haltungsbedingungen, ein geregelter, sicherer Tagesablauf und andere Verbesserungen der Lebenssituation können auch einen Einfluss auf Allergien haben.

Solange Ihr Hund noch Probleme hat, sollten Sie Nahrungsmittel mit Soja und Zucker vermeiden. Auch wenn der Einfluss bei gesunden Hunden nicht bemerkenswert sein muss und bei Verbesserung der Lebensbedingungen verschwinden kann, kann er unter schlechten Bedingungen deutlich zutage treten. Soja enthält viel Phenylalanin, eine essentielle Aminosäure, die auch an der Bildung des Botenstoffes Dopamin und somit der Synthese von Adrenalin und Noradrenalin beteiligt ist.

Zucker dient im Hundefutter in karamellisierter Form als Konservierungsmittel und Geschmacksverstärker und kann einen Energieüberschuss hervorrufen, der sich in überdrehtem Verhalten äußern kann.

Zusammenfassung Kapitel 6: Ernährung

Nahrung spielt eine große Rolle, wenn es um die Gesundheit von Körper und Geist geht. Nahrungsergänzungsmittel sind nicht nur beim Menschen seit längerem heiß diskutiert. Aber auch hier sind die Wirkgefüge komplex und es wird nicht die eine Nahrungsergänzung geben, die alles heilt.

Wenn Sie über die Substituierung mit Nahrungsergänzungsmitteln nachdenken, sollten Sie einen entsprechend geschulten Fachmann zu Rate ziehen, der Ihnen bei einer sinnvollen individuellen Zusammenstellung helfen kann.

Die Gabe von Nahrungsergänzungsmitteln allein wird Ihr Problem mit Sicherheit nicht lösen. Sie ist aber eine gute Ergänzung zu allen weiteren Maßnahmen, schafft eine positive gesundheitliche Basis und ist ohne großes Risiko von Nebenwirkungen.

Problemtraining

»Wer das Ziel kennt kann entscheiden,
wer entscheidet findet Ruhe,
wer Ruhe findet ist sicher,
wer sicher ist kann überlegen,
wer überlegt kann verbessern.«

(Konfuzius)

7. Problemtraining

Viele Dinge, die typisch sind für impulskontrollgestörte Hunde, wurden in den vorherigen Kapiteln schon erläutert. In diesem Kapitel wird es nun um ganz spezielle Situationen gehen. Situationen, aus denen impulsive Hunde erfahrungsgemäß schnell lernen und dadurch dem Menschen Probleme bereiten. Es wird kein Anspruch auf Vollständigkeit erhoben, denn dazu ist das Spektrum viel zu groß. Hat man aber das zugrunde liegende Konzept erkannt, kann man das Handling auch auf hier nicht beschriebene Verhaltensweisen übertragen.

Das Training einzelner Problemsituationen soll helfen, mit den individuellen Situationen besser klarzukommen. Es wird bei impulskontrollgestörten Hunden eher nicht dazu führen, dass sie sich nun überall beherrschen können. Jede Situation muss wieder neu trainiert werden. Hat man Glück, gelingt jedes Training etwas schneller, weil der Hund das System erkennt.

> Einen hyperaktiven Hund insgesamt ruhiger und beherrschter zu bekommen, bedeutet das Ändern vieler Komponenten, wie allgemein mehr Ruhe in den Alltag zu bringen, den Umgang und das Training mit dem Hund zu ändern u.a.

Dennoch ist es ein wichtiger Schritt zur Verbesserung des Zusammenlebens, einzelne Situationen gezielt zu trainieren.

Das Vorgehen hangelt sich an drei Grundsätzen entlang:

Grundsatz Nr. 1: Manage, wenn du nicht ausweichen kannst!

Da der Alltag keine Laborsituationen hervorbringt, in denen man den Reiz Stück für Stück steigern kann, brauchen Sie eine Rückversicherung für die Gelegenheiten, in denen der Reiz für Ihren Hund oder auch für Sie zu groß ist, um unbeschadet hindurch zu kommen.

Management ist das Wichtigste, was es zu Beginn des Trainings zu lernen gibt. Management bedeutet, den Hund so abzulenken, zu beschäftigen oder festzuhalten, dass Sie mit dem geringstmöglichen negativen Verhalten durch eine Situation hindurch kommen.

Bei jeder folgenden Problemsituation werden Sie am Anfang mögliche Managementmaßnahmen lesen, die Sie als erstes verinnerlichen und mit Ihrem Hund auf Tauglichkeit testen sollten.

Managementhilfsmittel:

Das Halti, das Newtrix	Die Leberwursttube	Das Geschirr
Kopfhalfter, die es ermöglichen, den Hund mit geringstem Kraftaufwand festzuhalten, ohne ihm weh zu tun.	Plastiktube gefüllt mit Leberwurst oder anderen Leckereien, die den Hund von der Situation ablenken können.	kann helfen, den Hund schneller zu greifen und besser festzuhalten als ein Halsband. Der konstante Blickkontakt: ermöglicht dem Hund, sich auf seinen Besitzer zu konzentrieren und die Situation auszublenden.

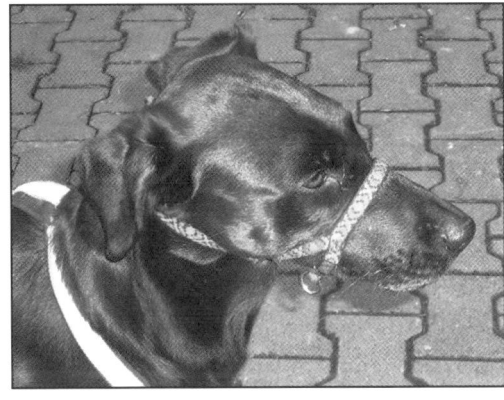

Das Newtrix ist relativ neu auf dem Markt und ist wie das Halti ein schmerzfreies Kopfhalfter, welches vernünftig gewöhnt und genutzt werden muss.

Grundsatz Nr. 2: Definiere dein Ziel!

Ein Ziel zu definieren ist das Wichtigste, was Sie überhaupt machen können. Es muss unbedingt positiv formuliert werden, damit Sie sich auch auf die positiven Dinge konzentrieren können.

Eine Beispielseite ist angehängt und Sie finden Sie zum Ausdrucken auch auf der Internetseite www.impulskontrolle.eu

Beschreiben Sie für sich die Situation, in der das problematische Verhalten auftritt. Wodurch wird es ausgelöst, wann genau beginnt es, wann endet es - und vor allem: Was genau tut ihr Hund?

Und nun schreiben Sie darunter, was sich ändern soll, indem Sie die gewünschte Verhaltensweise Ihres Hundes beschreiben. Sätze, die ein »er soll nicht …« enthalten, sind dabei tabu, denn ein »Nichtverhalten« kann man nicht trainieren. Sie können nur dann vorwärts kommen, wenn Sie wissen, was genau Sie sehen wollen! Auch unser Gehirn arbeitet so.

Das mag am Anfang schwierig erscheinen, da man als Ziel hat, der Hund solle den Reiz doch einfach nur ignorieren. Das funktioniert jedoch nicht. Man kann von einem Reaktionen auslösenden Reiz nicht sofort dazu kommen, dass dieser ignoriert wird. Dieser Reiz muss erst eine andere, für Sie adäquate Reaktion auslösen. Das ist Ihr Training. Wenn das sitzt, dann kommt eventuell auch der letzte Schritt zu trainieren, dass der Hund auf den Reiz gar nicht mehr reagiert. Da dies jedoch ungewiss ist und wir schnelle Erfolge brauchen, bleiben Sie bei dem machbaren Ziel, eine Reaktion zu trainieren, mit der Sie umgehen können.

Beschreiben Sie also genau das Verhalten, welches Sie sich vorstellen können, und zerlegen Sie es auf dem Papier in Einzelteile. Dabei fragen Sie sich, ob Ihr Hund jedes Einzelteil überhaupt kann. Kann er Sie auf Signal anschauen? Kann er Ihre Hand berühren etc.? Falls nicht, haben Sie schon eine erste Übungsaufgabe, ohne in die schwierige Situation gehen zu müssen.

Grundsatz Nr. 3: Such die Situationen auf und geh ihnen nicht aus dem Weg

Dieser Grundsatz scheint der ganzen Theorie im ersten Teil des Buches zu widersprechen, indem gesagt wird, dass hochpuschende Situationen vermieden werden sollen, um eine wachsende Vernetzung des dopaminergen System zu verhindern. Und dennoch schließt sich das nicht aus. Denn nun gehen Sie in die Situation hinein und trainieren nach einem Plan. Ihr Hund wird bzw. darf sich also nicht aufregen (oder zumindest nur selten, nämlich wenn Sie nicht aufgepasst haben).

Sie erzielen hier mehrere Effekte: Als Erstes bauen Sie die eigene Angst vor der Situation ab. Vor allem wenn es um aggressive Verhaltensweisen geht, ist dies ein wichtiger Schritt. Zweitens gewöhnen Sie sich und Ihren Hund an ein neues Verhalten in dieser Situation. Je öfter Sie das tun, desto einfacher wird es für Sie und auch für Ihren Hund. Und drittens krempeln Sie für sich die Situation um. Während Sie zuvor vielleicht selbst schon ängstlich oder aufgeregt waren, wenn Sie ahnten, dass es gleich so weit sein würde, gehen Sie nun bewusst und im Wissen um Ihr Verhalten in die Situation hinein. Das Selbstvertrauen und das Vertrauen wachsen.

Sie werden von nun an die Situation beherrschen, statt sich von ihr manipulieren zu lassen!

7.1 Bevor es losgeht

Weder Sie noch Ihr Hund sind Maschinen, die programmiert werden können, damit alles funktioniert. Dieses Buch kann Ihnen allenfalls Tipps und Anregungen geben. Je nach Ihrem Lebensumfeld, brauchen Sie jedoch ganz individuelle Anregungen. Bleiben Sie offen für Hilfen von außen, von Therapeuten und Trainern. Funktioniert eine hier vorgestellte Vorgehensweise für Sie nicht, überlegen Sie selbst, was anders gemacht werden könnte und testen Sie es. Führen Sie ein Tagebuch, um Veränderungen sichtbar zu machen und bleiben Sie cool und analytisch statt aufgeregt und emotional.

Geht die Situation schief, nehmen Sie Ihren Hund sofort raus. Greifen Sie ihn am Halsband oder Geschirr, sagen Sie ein ruhiges, aber resolutes »Das reicht!« und entfernen Sie sich ein paar Meter aus der Situation. Atmen Sie tief durch, machen Sie beide was Schönes zusammen, und dann probieren Sie es einfach noch einmal. Allerdings diesmal so, dass Sie und Ihr Hund es schaffen können. Klappt es, beenden Sie das Üben für diesen Moment.

Verlassen Sie Situationen möglichst immer ruhig und entspannt. Nur so hat Ihr Hund (und haben Sie) die Chance, die Ruhe mit der Situation zu verknüpfen und beim nächsten Mal schon entspannter in die Situation hineinzugehen. Kommen Sie immer mit einem Erfolg aus der Situation, selbst wenn dieser nur minimal ist. Unter jeder Übung steht für diesen Fall ein Beispiel, was Sie tun können, wenn es nicht funktioniert hat.

Und noch etwas ist grundsätzlich wichtig: Bietet Ihr Hund ein eigenes alternatives Verhalten an, dann zwingen Sie ihm nicht Ihr ausgedachtes auf, sondern nutzen Sie, was vorhanden ist. Schnüffelt Ihr Hund lieber an Ihrer Hand, statt Sie anzusehen, nutzen Sie das. Geht er zwischen Ihre Beine, statt sich zu setzen, nutzen Sie das! Beobachten Sie Ihren Hund und trainieren Sie, was da ist. Das macht das Training leichter und erfolgreicher.

7.2 Aufregung in verschiedenen Situationen

Aufgeregtes Verhalten beinhaltet alle Verhaltensweisen, bei denen der Hund sich extrovertiert zeigt, sich sichtlich nicht beherrschen kann und sich auch nicht oder kaum allein beruhigt. Es ist abzugrenzen von aggressivem Verhalten, welches sich jedoch schnell daraus entwickeln kann.

Begrüßung von Menschen oder Hunden (Schleimen)

Das Begrüßen anderer Hunde ist eine wichtige Kommunikation, die auch zugelassen werden muss. Wie diese genau aussehen kann, sehen Sie in diversen DVDs zum Hundeverhalten. Einige Hunde übertreiben jedoch und es handelt sich nicht mehr um eine Begrüßung, sondern um ein Reinsteigern, bis es dem anderen zu viel wird und er schnappt. Und das mit Recht.

Die übertriebene Begrüßung ist selbstbelohnend, da durch aktiv unterwürfiges Verhalten Endorphine ausgeschüttet werden.

Natürlich darf der Hund wedeln und auch die Schnauze des anderen lecken, aber Sie merken an der Intensität seines Verhaltens und des Verhaltens des anderen Hundes, ob er sich reinsteigert und Sie unterbrechen müssen.

Lernen Sie einzuschätzen, wie der andere Hund das findet. Möchte er stärker umworben werden oder ist er genervt und straft Ihren Hund gleich ab? Achten Sie auf Rutenhaltung, Lefzen und das Aufstellen der Haare auf dem Rücken des anderen Hundes. Sie müssen sehr sensibel für die feine Hunde-Kommunikation werden, um Ihren Hund im richtigen Moment zu stoppen, bevor der andere Hund es versucht.

Verhalten:

Der Hund zeigt übertriebenes Begrüßungsverhalten, indem er sich auf den Rücken wirft, unaufhörlich die Schnauze des anderen Hundes leckt, diesen eventuell sogar besteigt und mit dem Schwanz im Kreis wedelt. Er geht kaum auf die Reaktion des anderen Hundes ein, sondern agiert im Voraus extrem beschwichtigend.

Management:

Als Managementmaßnahme kann hier die Leine helfen oder eine Handvoll Futter. Mit der Leine können Sie verhindern, dass Ihr Hund durch einen großen Anlauf seine Aufregung schon steigern kann, bevor er überhaupt beim anderen Hund angekommen ist.

Eine weitere Möglichkeit ist das Füttern aus der Hand oder das Werfen von Leckerchen, die der Hund suchen kann. Er ist dadurch abgelenkt, und die erste Aufregung verpufft.

Ihr Hund lernt damit nicht, wie man ordentlich begrüßt, aber Sie verhindern in diesem Augenblick überschießende Reaktionen und evtl. daraus resultierenden Ärger mit dem anderen Hund.

Ziel:

Überlegen Sie, was genau Ihr Hund tun soll, wenn andere Menschen oder Hunde auf Sie zukommen bzw. Sie auf andere Menschen oder Hunde zugehen. Stellen Sie sich vor, wie Ihr Hund dieses Verhalten ausführt, und schreiben Sie es auf.

Eine Möglichkeit ist: Ihr Hund lernt still zu stehen, Sie auf Signal anzuschauen und sich abrufen zu lassen.

Training:

Übung: Hunde entspannt begrüßen

1 Als Erstes trainieren Sie einen sicheren Rückruf aus allen Lebenslagen. Hierfür gibt es jede Menge gute Literatur und praktische Hilfen in Hundeschulen.

2 Suchen Sie sich dann Hundehalter, die mit ihren Hunden als »Begrüßungsdummys« herhalten. Achten Sie darauf, dass es Hunde sind, die möglichst entspannt mit solchen Situationen umgehen können und nicht aggressiv reagieren.

3 Nutzen Sie ein Geschirr für Ihren Hund, um ihn besser halten zu können.

4 Gehen Sie auf den anderen Hund zu. Ihr Hund ist an der lockeren Leine

5 Reden Sie ruhig mit Ihrem Hund und verlangen Sie ab und an einen Blickkontakt.

6 Bleibt Ihr Hund stehen, lassen Sie den anderen Hund auf Sie zukommen.

7 Verhindern Sie, dass Ihr Hund sich hinwirft, indem Sie ihn am Geschirr festhalten. Streichen Sie mit einer Hand seine Seite von Kopf bis Schwanz, während Sie ihn mit der anderen am Geschirr festhalten.

8 Loben Sie Ihren Hund, solange er ruhig die Begrüßung des anderen erträgt. Wird es zuviel, fängt er an zu wuseln, quietschen oder bellen, sprechen Sie ihn an und gehen ein Stück mit ihm zurück.

9 Wiederholen Sie diese Annäherungen pro Übungseinheit fünfmal oder bis Ihr Hund kein Interesse mehr hat.

Loben Sie mit ruhiger Stimme und belohnen Sie erst, wenn beide Hunde getrennt sind, um Futterverteidigung zu vermeiden.

Achten Sie sowohl auf die Reaktionen des anderen Hundes als auch auf die Ihres eigenen Hundes. Wenn dieser tatsächlich meint, stärker zu beschwichtigen, müssen Sie einschätzen können, ob das sinnvoll ist und Sie es zulassen oder den Kontakt beenden.

Beschwichtigendes Wegschauen erleichtert den Kontakt.

Und wenn es gar nicht klappt:

Sollte der andere Hunde steif werden oder knurren, lassen Sie die Leine ganz locker und gehen selbst so weit weg, wie die Leine erlaubt. Das sollte auch der Besitzer des anderen Hundes tun. Rufen Sie Ihre Hunde ruhig und nett, so dass die Hunde die Möglichkeit und die Zeit haben, sich friedlich voneinander zu lösen.

Sollte das aus den verschiedensten Gründen nicht möglich sein, zählen Sie auf drei und greifen beide Hunde gleichzeitig ruhig, aber fest heraus und voneinander weg.

Warten Sie, bis Ihr Hund sich etwas beruhigt hat, und gehen Sie dann erneut in die Richtung des anderen Hundes. Dieser kann sich mit seinem Besitzer langsam von Ihnen entfernen, so dass Sie hinterherlaufen. Ihr Hund hat den anderen dadurch zwar im Blick, ist aber nicht so aufgeregt, wie wenn der andere auf Sie zukommen würde. Üben Sie das Wegschauen und Sitzen und beenden Sie dann die Übung.

Suchen Sie sich andere »Dummyhunde«.

Bellen

Bellen ist eine der am schwierigsten zu kontrollierenden Verhaltensweisen. Nicht nur für den Menschen, sondern auch für den Hund. Hunde, die bellen, um Stress oder Frust abzubauen, können nicht aufhören, egal welche Strafe man ihnen androht (oder austeilt). Auch deshalb ist Strafe hier am wenigstens sinnvoll. Bevor Sie wissen, wie Sie damit umgehen, müssen Sie herausfinden, welche Motivation hinter dem Bellen steckt. Bellt der Hund, um Gefahr zu melden, um beachtet zu werden, aus Stress oder Frust (wenn andere Hunde spielen oder trainieren). Hat er gerade angefangen oder steigert er sich hinein und stimuliert sich dadurch selbst? Je nachdem muss Ihr Umgang bzw. Training variieren.

Verhalten:

Je nach Motivationslage sieht das Verhalten ganz unterschiedlich aus und kann gepaart sein mit anderen Verhaltensweisen wie Hochspringen, Rennen und auch stereotypen Verhaltensweisen wie Kreiseln. Selbst das Bellen an sich kann stereotyp sein, also gleichförmig, gleich laut und unaufhörlich. Es muss deshalb immer im Zusammenhang mit der Situation beobachtet werden.

Management:

Bellen kann oft nicht wegtherapiert werden, weil gerade das aufmerksamkeitsheischende Bellen an Orten auftritt, an denen man den Hund partout nicht bellen lassen kann. Geht man jedoch darauf ein, entsteht eine Verhaltenskette und das Bellen kann schlimmer werden. Sie müssen also woanders anfangen zu trainieren und in den entsprechenden Situationen eine Ablenkung parat haben. Sie können Ihren Hund kontinuierlich füttern oder Sie lenken ihn mit Beschäftigungsaufgaben ab. Trainieren Sie einen langen, ruhigen Blickkontakt oder bewegen Sie sich mit Ihrem Hund hin und her. Durch Bewegung kann ein Teil der Unruhe abgebaut werden und ein gleichmäßiger Rhythmus unterstützt den Hund, sich besser zu beherrschen. Belohnen Sie ihn für zwei bis drei ruhige Sekunden. Dadurch trainieren Sie ihn zwar eventuell, zu bellen und dann ruhig zu sein, um ein Leckerchen zu bekommen, aber zumindest ist es kontrollierbarer und die zugrunde liegende Motivation eine andere.

Bellt er beim Klingeln zu Hause, bringen Sie ihn in die Hundebox oder in ein anderes Zimmer, so dass Sie sich keine Sorgen machen müssen. Notfalls binden Sie ihn in Ihrer Nähe an oder lassen ihn an der Tube lecken.

Ziel:

Was Ihr Ziel ist, hängt ganz von den Möglichkeiten ab, und diese hängen wiederum vom Grund des Bellens ab. Deshalb hier die Unterscheidungen:

- Wachen/Alarm: Der Hund kann nach ein bis zwei Bellern auf sein Lager gehen und liegenbleiben, bis er gerufen wird.
  (Übung: Besucher ankündigen)

- Stress/Frust: Der Hund nutzt ein Verhalten, dass ihm hilft, sich zu beherrschen. Er lernt, sich selbst abzuwenden und sich irgendwo zu verstecken wie etwa hinter Ihren Beinen oder in der Hundebox. Oder er zeigt ein anderes Verhalten, das mit dem Hinschauen zur Reizquelle und bellen nicht vereinbar ist.
  (Übung: Ruhe beim Training)

- Bellen bei der Arbeit: Der Hund lernt aufregendes Arbeiten auszuhalten, sich auf sich selbst zu konzentrieren und zu beherrschen. Er lernt, andere Lösungswege zu suchen und zu finden statt sich auszuklinken.
  (Übung: Lösungswege finden)

- Aufmerksamkeit heischend: Der Hund lernt, Langeweile auszuhalten.
  (Übung: Langeweile ruhig aushalten)

Training:

Beginnt man mit dem Training, bieten einige Hunde ein ganz eigenes alternatives Verhalten an. Sie schnüffeln intensiv am Boden oder werfen sich plötzlich auf dem Rücken und wälzen sich. Nutzen Sie dieses Verhalten und seien Sie flexibel.

Zuerst trainieren Sie mit Ihrem Hund ohne Ablenkung das gewünschte alternative Verhalten. Zum Beispiel das Einparken zwischen Ihren Beinen. Der Weg

dorthin ist durch freies Formen mit dem Clicker möglich, oder Sie üben, indem Sie ihn mit einem Stück Futter dorthin locken und es ihm dort geben.

Fügen Sie ein Signal hinzu und verknüpfen so Verhalten und Signal. (Trainingsmöglichkeiten für Blickkontakt und Handtarget finden Sie in vielen guten Hundebüchern und bei guten Hundeschulen.) Je besser das Verhalten vorher trainiert ist und je lieber der Hund es ausführt, desto eher wird er es auch in aufregenden Situationen nutzen und sich in diese Hilfe flüchten.

Übung: Besucher ankündigen

Die meisten Hunde rasen zur Tür, wenn es klingelt, springen hoch, kläffen, was das Zeug hält und kommen gar nicht mehr zur Ruhe. Um das Üben etwas einfacher zu gestalten, hilft es, häufig am Tag zu klingeln, damit der Hund sich daran gewöhnt und Sie leichter trainieren können. Als alleinige Lösung reicht es nicht aus, es sei denn, man klingelt das ganze Hundeleben lang oft am Tag an der Tür. Der Hund verknüpft Aufregung mit dem Klingeln. Bleibt sie weg, beruhigt er sich auch etwas. Klingelt es später aber wieder immer nur dann, wenn auch jemand kommt, ist die ehemalige Verknüpfung sofort wieder präsent.

Um das Trainingsziel zu erreichen, dass der Hund nur wenige Male bellt und dann auf sein Lager geht, beginnen Sie folgendermaßen:

1 Warten Sie nach dem Klingeln das Bellen Ihres Hundes ruhig ab, bis er wieder ansprechbar scheint. Da niemand kommt, wird das irgendwann der Fall sein.

2 Loben Sie Ihren Hund für das Aufpassen und geben Sie das zuvor trainierte Signal für »Aufs Lager« und belohnen Sie ihn dort mit etwas zum Knabbern.

3 Wiederholen Sie das so oft wie möglich.

4 Loben Sie und geben Sie das Signal für »Aufs Lager gehen« immer früher, bis es nach ein bis zwei Bellern befolgt wird.

5 Fügen Sie nun Aufregung hinzu, indem Sie selbst etwas hektischer zur Tür gehen oder Laute hinter der Tür zu hören sind.

6 Trainieren Sie, bis Ihr Hund auch bei Hektik auf das Signal hört.

7 Jetzt darf der Besuch auch hineinkommen. Bleibt Ihr Hund nicht sicher liegen, binden Sie ihn auf dem Lager fest.

8 Ihr Hund darf erst aufstehen und den Besuch begrüßen, wenn Sie es erlauben. Dann erfolgt auch die Begrüßung, so wie oben beschrieben ruhig und kontrolliert, notfalls mit der Leine.

Und wenn es gar nicht klappt:

Regt sich Ihr Hund zu sehr auf, kriegt sich nicht ein, ist nicht auf dem Lager zu halten oder ähnliches, unterstützen Sie ihn folgendermaßen:

Halten Sie ihn mit einer Hand am Geschirr, mit der anderen am Halsband fest und reden Sie ruhig mit ihm, während der Besucher den Hund nicht anschaut und sich gar nicht oder nur sehr ruhig bewegt. Binden Sie den Hund an, damit er sich nicht durch übermäßige Bewegung weiter hochpuschen kann, und bieten Sie immer wieder etwas zu kauen an, auch wenn er es anfangs nicht nimmt.

Warten Sie in Ruhe ab, bis er sich selbst wieder etwas beherrschen kann.

Oder Sie konditionieren gegen, indem Sie clicken, sobald Ihr Hund bellt, und ihn mit einem fliegenden Leckerchen belohnen. Ihr Hund lernt so, zu bellen und ein Leckerchen zu bekommen. Anfangs wird er den Click erst hören, wenn er sich »ausgebellt« hat, später wird er immer früher reagieren, bis er sich nach dem ersten Bellen umdreht, um den Click einzufordern. Nun wird er immer erst dann belohnt, wenn er zu Ihnen kommt.

Wichtig ist: Behalten Sie selbst die Ruhe. Je aufgeregter Sie sind, desto aufgeregter ist auch Ihr Hund. Bewegen Sie sich langsam, geben Sie ruhige Signale und vermitteln Sie so, dass Aufregung nicht nötig ist.

Übung: Ruhe beim Training (Stressbellen)

Beim Training kläffen Hunde meist, weil sie nicht gelernt haben, es auszuhalten, wenn andere Hunde spielen oder trainieren. Gerade bei den Sporthunden ist dies ein weit verbreitetes Problem. Die Agilityplätze erkennt man häufig schon von weitem am Lärmpegel durch bellende Hunde. Die Übertragung der Aufregung von einem Hund auf den anderen ist hier am größten. Das Beste, was man machen kann, ist präventiv den kleinen Hund schon mit auf den Platz zu nehmen und ihn neben den laufenden Hunden schlafen zu lassen. So lernt er, sich nicht anstecken zu lassen von der allgemeinen Aufregung.

Andernfalls bleibt Ihnen das Trainieren einer Ruhezone etwas weiter weg vom Geschehen. Dafür kann am besten die Box dienen, aber eine Decke und die menschlichen Beine tun es zur Not auch.

1 Verknüpfen Sie die Box, die Decke oder eine bestimmte Körperhaltung mit Entspannung, wie im Kapitel zum Ruhesignal beschrieben.

2 Schicken Sie Ihren Hund bei den ersten Anzeichen der Erregung in diese Ruhezone und helfen Sie ihm mit allen Mitteln (Massage, bestimmter Geruch, ruhige Stimme etc.), sich zu beherrschen.

3 Lässt Ihr Hund sich auf dieser Ruhezone recht schnell beruhigen, verlagern Sie diese Schritt für Schritt weiter ans Geschehen heran.

Auch die Desensibilisierung wie weiter oben beschrieben ist für solche Hunde zwar eine zeitaufwändige, aber oftmals erfolgreiche Lösung.

Ignorieren funktioniert hier in der Regel nicht, da Hunde sich dadurch nicht bestraft fühlen und das Verhalten somit nicht verringert wird. Im Gegenteil ist das Bellen für diese Hunde ihre Lösung mit der Situation umzugehen und Ignorieren wird da Problem in der Regel verschlimmern. Sie müssen definitiv eine alternative Lösung mit Ihrem Hund trainieren, um das Bellen als Lösung zu überdecken.

Und wenn es gar nicht klappt:

Schafft der Hund es gar nicht, sich zu kontrollieren, hilft nur, sich von der Aufregung zu entfernen und das zuvor Beschriebene in verschiedensten Abständen zu trainieren. Klappt es einige Male in einem großen Abstand, üben Sie es die nächsten Male etwa näher. Auch wenn Sie dafür Ihr eigentliches Training für eine gewisse Zeit unterbrechen müssen, lohnt es sich auf lange Sicht gesehen sehr, wenn der Hund ruhig auf dem Platz warten kann. Setzen Sie also Prioritäten!

Übung: Lösungswege finden

Das Bellen beim Clickern, Agilty (wenn der Hund selbst läuft) oder anderen Trainingssituationen ist oft dann zu sehen, wenn der Hund nicht versteht, was verlangt wird.
Der Hund muss lernen, sich besser zu konzentrieren, weiter nachzudenken, andere Lösungswege zu finden, statt sich auszuklinken. Dies wird er nur dann schaffen, wenn Sie ihm genügend positive Erfolge schaffen können, so dass er motiviert ist, weiterzumachen und sich anzustrengen.
Aus diesem Grund muss Ihr Training sorgfältig strukturiert und geplant sein. Trainieren Sie in kleinen Schritten, machen Sie das Training abwechslungsreich.
In kleinen Schritten zu arbeiten bedeutet, die Anforderungen nur so hoch zu schrauben, dass der Hund sie leicht erreichen kann, ohne Hilfe von Ihnen zu

benötigen. Überhaupt wird er, je mehr Hilfe er in Form von Handzeichen, Worten oder Körpergesten bekommt, sich immer mehr darauf verlassen und auch warten. Und desto eher wird er bellen, wenn keine kommen.

1 Schreiben Sie sich all Ihre Trainingsschritte auf und kontrollieren Sie sich nach Logik und Kleinschrittigkeit. Lassen Sie es von jemandem lesen, der von Training keine Ahnung hat. Versteht er den Aufbau ohne die Hilfe von Erklärungen, wird auch Ihr Hund ihn verstehen.

2 Arbeiten Sie komplett ohne Handzeichen und Worte (zumindest beim Freien Formen mit dem Clicker). Ihr Hund lernt so, sich ganz auf seine Gedanken und den Click zu hören und muss sich nicht noch mit Ihren (oft gegensätzlichen) Körpersignalen auseinandersetzen.

3 Belohnen Sie oft genug. Bricht Ihr Hund das Üben selbst ab, ist er meist frustriert, wird also nicht ausreichend oder richtig gelobt und motiviert. (Einzige Ausnahme: Windhunde beenden die Übung meist dann, wenn sie die Ansätze verstanden haben. Sie sind darin Katzen sehr ähnlich und der Mensch muss aufpassen, dies richtig zu bewerten, eine Pause zu machen und später neu einzusteigen.)

4 Üben Sie abwechslungsreich und kurz. Zu häufige Wiederholungen zur selben Zeit langweilen und frustrieren den Hund genauso, wie das Nichtverstehen einer Übung. Lieber zwischendurch etwas ganz anderes üben, als stundenlang denselben Schritt.

5 Bauen Sie ausreichend Ruhepausen ein, in denen der Hund abschalten kann und das Gehirn rekapituliert, was es gerade gelernt hat. Dies verfestigt Geübtes ebenso wie Wiederholungen.

6 Spielen Sie selbst das Menschenclickerspiel (Anhang) und lernen Sie so, Ihren Hund besser zu verstehen und Übungen besser aufzubauen.

Und wenn es gar nicht klappt:

Dennoch gibt es Hunde, die beim Anblick des Clickers fast durchdrehen und auch ohne oder nur mit mäßigen Belohnungen arbeiten würden. Hier ist eine Clickerpause angesagt oder sogar ein Clickerstopp. Hilfreicher ist bei diesen Hunden ein ruhiges Lobwort, also genau das Gegenteil vom präzisen, Dopamin ausschüttendem Click.

Übung: Langeweile ruhig aushalten

Das Kläffen aus Langeweile ist nichts anderes als ein Aufmerksamkeit heischendes Verhalten. Der Hund kläfft, weil er beachtet und beschäftigt werden möchte. Jede Reaktion darauf ist für den Hund ein Erfolg, selbst wenn sie negativ ist. Aus diesem Grund ist das Ignorieren hier tatsächlich die sicherste Lösung.

1 Sobald Ihr Hund kläfft, um auf sich aufmerksam zu machen, geben Sie ein kurzes Signal, welches ankündigt, dass Sie ihn ab nun nicht mehr beachten werden. »Will ich nicht!« wäre eine Möglichkeit.

2 Entweder bleiben Sie stehen und schauen demonstrativ woanders hin oder Sie beschäftigen sich gezielt mit etwas anderem.

3 Achten Sie darauf, dass Ihr Hund sein Verhalten nicht verschlimmern kann und bspw. beginnt, Dinge zu klauen, damit Sie reagieren müssen. Entweder haben Sie Ihren Hund angebunden oder da wo Sie sind kann er nichts anstellen.

4 Um sich nicht verleiten zu lassen, Ihren Hund doch anzuschauen, sich immer wegzudrehen oder sonstwie auf Ihren Hund zu reagieren, können Sie auch die Zeit messen, die Ihr Hund bellt, wann er Pausen macht und wie lange diese sind.

5 Sie können selbst Ruhesignale aussenden, wie Gähnen, Strecken, sich über die Lippen lecken.

6 Warten Sie ab, bis Ihr Hund selbst entspannt und auch dann noch mindestens 5 Minuten, bevor Sie sich wieder mit ihm beschäftigen.

Kläfft der Hund sich jedoch ein, soll heißen, er fühlt sich so wohl, dass er in einen monotonen Kläffsingsang verfällt und womöglich dabei die Augen verdreht, müssen Sie eingreifen. Ebenso, wenn Sie das Kläffen aus gesellschaftlichen Gründen nicht ignorieren können.

1 Gebe Sie ihm das Signal für einen Stellungswechsel, also Sitz oder Platz, um die Körperwahrnehmung kurzfristig zu ändern.

2 Loben Sie nur kurz und belohnen Sie das ruhige Einhaltung der Stellung in langen Abständen.

3 Diese Abstände dehnen Sie aus, indem Sie immer später belohnen.

4 Achtung! Belohnen Sie niemals, wenn Sie zulange gewartet haben und Ihr Hund kurz kläfft, um die Belohnung einzufordern. Belohnt wird immer nur, wenn er zu Beginn mindestens 3 Sekunden ruhig war.

Ihr Hund wird lernen, erwartungsvoll und angespannt ein Verhalten auszuführen, statt entspannt ruhig abzuwarten. Hier handelt es sich um zwei verschiedene Verhaltensweisen: Spannung halten versus entspannt sein. Je länger Sie die Zeitspanne dehnen, die ihr Hund die Spannung halten muss, desto eher entspannt er sich während des Wartens. Jeder Click festigt diese Spannung jedoch wieder, so dass es recht schwierig ist, über dieses Training zum entspannten Abwarten zu gelangen. Wenigstens bellt der Hund dann jedoch nicht.

7.3 Fahrrad fahren und Joggen

Kennen Sie das? Sie holen das Fahrrad aus dem Schuppen oder ziehen sich Joggingsachen an; und Ihr Hund beginnt wie ein Verrückter vor und zurück zu rennen, hochzuspringen zu kläffen und anderes unangemessenes Verhalten zu zeigen? Gelehrt wird hier oft, dass man jeden einzelnen Reiz trainieren soll, also mehrmals am Tag die Schuhe binden, das Fahrrad holen oder den Schlüssel nehmen und dann doch nicht losfahren. Der Hund soll so durch Gewöhnung das Verhalten ablegen.

Auch die Strafvariante ist weit verbreitet: Sofort den Spaziergang abbrechen, wenn der Hund sich aufregt. Also die Schuhe wieder ausziehen, wenn er da schon kläfft, und erst weiter machen, wenn er ruhig ist. In der Theorie klingt das logisch. Bei impulskontrollgestörten Hunden hat es in der Praxis bislang nicht funktioniert. Der Hund gewöhnt sich nicht an den Reiz, da dieser von der Belohnung (dem Rennen) viel zu stark überlagert ist. Ein klarer Fall von zu starker Belohnung und zu großer Erwartung an den Hund. Dennoch ist die Bewegung gerade für impulskontrollgestörte Hunde wichtig, wenn sie ruhig und sinnvoll erfolgt. Je weniger Ihr Hund sich aufgrund der Aufregung im Alltag bewegen darf, desto schlimmer wird sein Verhalten in solchen Situationen sein, in denen er rennen darf. Achten Sie deshalb darauf, dass es ausreichend Möglichkeiten für Ihren Hund zum Laufen (nicht zum sinnlosen Rasen, sondern zum Langstreckenlauf) gibt.

Verhalten:

Der Hund beginnt alle Varianten aufgeregten Verhaltens zu zeigen, die er kennt, wie rasen, jaulen, sich drehen, in Jacken etc. beißen, und kann sich nicht beherrschen.

Management:

Managementmaßnahmen sind hier das Halti und die Leine, die den Hund stoppen können. Auch Leckerchen, die herumliegen und erst gesucht werden müssen, geben Zeit, in der Sie sich vorbereiten können.

Ziel:

Das Ziel ist, dass der Hund ruhig an lockerer Leine nebenher laufen kann.

Training:

Das Gute bei diesem Verhalten ist, dass das Training selbst fast eine Managementmaßnahme ist. Es gibt keine Schritt-für-Schritt-Anleitung, um dieses Verhalten in den Griff zu bekommen, denn der Hund kann hier nicht logisch denken lernen. Es läuft über Vermeidung von zu viel Aufregung und Verknüpfung von »vernünftigem Gehen« und den Reizen (Fahrrad, Joggingsachen etc.).

Denken Sie daran, dass die Belohnung hier das Laufen ist. Wenn Ihr Hund noch Futter nimmt, können Sie es damit versuchen, aber meist ist das Laufen haushoch überlegen.

Die Grundlage, um mit diesem meist schon eingeschliffenen Verhalten klarzukommen, sind Ruhe und starke Nerven.

Vor dem Losgehen sichern Sie Ihren Hund so, dass er sich nicht durch noch mehr Aufregung weiter hochpuschen kann, während Sie sich anziehen oder das Rad holen. Dafür können Sie ihn an die Leine nehmen oder irgendwo festbinden. Läuft er bei Ihnen mit, achten Sie darauf, dass er nicht zieht, machen Sie also gleichzeitig Leinenführigkeitstraining wie folgt:

Jedes Mal, wenn Ihr Hund zieht, gehen Sie rückwärts, bis Ihr Hund sich wieder auf Ihrer Höhe befindet. Nicht stehenbleiben und abwarten bis Ihr Hund zurückkommt, denn das ist zu anstrengend für ihn. Durch das Laufen kann er wenigstens etwas Adrenalin verbrauchen.

Eine andere Variante ist, dass Sie den Hund hinter sich gehen lassen, wenn er das kennt. So haben Sie die Hände frei und Ihr Hund muss sich zusammennehmen, ohne dass Sie an ihm herumzerren müssen.

Achten Sie bei allem, was Sie tun, darauf, dass Ihr Hund sich wenigstens etwas beherrschen muss. Er darf nicht ziehen, er muss vor der Tür warten, ohne dass Sie ihn festhalten müssen.

Wenn Sie bis zu einem Punkt kommen müssen, an dem Sie erst losfahren oder losjoggen können, lassen Sie ihn bis dahin hinter sich gehen und auch dann nicht einfach losrasen. Der Übergang von »darauf warten, dass es losgeht« bis zu »wir laufen/fahren« muss allmählich erfolgen und nicht mit einer riesigen Hormonausschüttung, wie es beim plötzlichen Losrasen der Fall wäre. Behalten Sie ihn also bei sich und lassen Sie die Leine Stück für Stück länger.

 Zu empfehlen sind hier die Ruckdämpfer und auch die u-förmigen Fahrradhalter mit Ruckdämpfer. Denn sehr aufgeregte Hunde werden trotz guten Leinenführigkeitstrainings nicht locker laufen, sondern erst einmal ziehen, was das Zeug hält. Da hilft tatsächlich nur ziehen lassen (am Geschirr!), aber ausbremsen. Der Hund darf nicht ins Rasen kommen. Die meisten Hunde laufen nach ca. zehn Minuten ruhig und locker mit. Das ist auch der Grund, warum Sie möglichst lange Strecken ohne Aufregung fahren bzw. laufen sollten. Der Hund soll sich körperlich erschöpfen, aber durch Langzeiterschöpfung und nicht durch kurzzeitige Hormonschübe. Von Mal zu Mal ist der Hund dann früher ansprechbar und kontrollierbar, so dass die anfängliche Durchgedrehtheit einer zumutbaren Belastung gewichen ist.

Schreiben Sie sich unbedingt auf (oder filmen Sie), wie es zu Beginn des Trainings war und vergleichen Sie nach einigen Monaten. Sie könnten sonst vergessen, wie schlimm es tatsächlich war.

Dass Ihr Hund mal ganz gelassen darauf wartet, dass es losgeht, können Sie wahrscheinlich abschreiben, aber etwas kontrolliertes Verhalten ist in jedem Fall machbar!

Und wenn es gar nicht klappt:

Dann lassen Sie es am besten bleiben, arbeiten erst einmal an anderen Baustellen und versuchen es später noch einmal neu. Üben Sie nur, wenn auch Sie das körperlich und psychisch unbeschadet schaffen.

7.4 Spazieren rasen

Spazieren gehen ist gemütliches Schlendern mit dem Hund, der sich in einem ausreichenden Abstand um seinen Menschen herum befindet. Um diesen zu wahren, trabt, galoppiert und läuft der Hund. Manche Hunde können aber nicht langsam laufen. Sie können nur galoppieren und schaffen es nicht, in eine langsamere Gangart zu wechseln. Dadurch ist der Hund immer zu weit weg vom Menschen oder rast jojoähnlich vor und zurück. Häufig gerade bei den Collies zu finden ist auch das plötzliche Durchstarten und Wettrennen, vor allem, wenn andere Hunde dabei sind.

Das ist nicht nur für den Menschen anstrengend, sondern fördert auch beim Hund erneut eine sich ständig wiederholende Dopaminausschüttung. Hier ist Training gefragt, damit der Hund lernt, seinen Körper zu beherrschen und soweit zur Ruhe zu kommen, dass er auch gemütlich traben kann.

Verhalten:

Der Hund rast ohne sichtbaren Reiz von außen wie von der Tarantel gestochen los, sobald er von der Leine abgemacht wird. Entweder gleich ganz weg oder vor und zurück, um in der Nähe seines Menschen zu bleiben.

Management:

Der Hund läuft an der Leine und eventuell am Halti, wenn er ansonsten auch noch zieht.

Ziel:

Der Hund soll lernen, im Schritt zu laufen bzw. während eines Spaziergangs mehr zu traben als zu galoppieren. Zwischenschritte sind, dass der Hund bei einem Stoppsignal langsamer wird.

Training:

Ständiges Ermahnen nutzt in der Regel nichts, sondern führt dazu, dass der Hund vor und zurück läuft, nicht weiß, was Sie von ihm wollen, und Sie beide in

Stress und schlechte Laune geraten. Deshalb ist die Leine das Hilfsmittel Nummer 1, um Ruhe zu vermitteln.

Übung: Gehen an der Schleppleine

1 Besorgen Sie sich eine zehn Meter lange gut haltbare Schleppleine und befestigen Sie diese am Geschirr Ihres Hundes.

2 Sobald Ihr Hund an der Schleppleine beginnt, zu galoppieren, geben Sie ihm ein Stoppsignal wie »Langsam!«

3 Zählen Sie innerlich bis zwei. Wird Ihr Hund wieder langsamer, loben Sie ihn mit ruhiger Stimme. Bitte nicht clicken oder übermäßig loben, da das den Erregungslevel wieder erhöht und er wieder schneller wird.

4 Reagiert Ihr Hund nicht, halten Sie die Leine fest, so dass Ihr Hund nicht weiterrennen kann. Bleiben Sie stehen und warten Sie, bis die Leine locker ist.

5 Verlangen Sie von Ihrem Hund Blickkontakt und gehen Sie dann weiter. Sollte Ihr Hund dazu neigen, zu Ihnen zurück zu rennen, gehen Sie auf ihn zu, nehmen Sie die Schleppleine kurz und lassen Sie ihn einige Meter ruhig an Ihrer Seite gehen.

6 Reagiert Ihr Hund gut auf das Stoppsignal und kann auch ein paar Meter traben oder Schritt laufen, darf er auch wieder mal frei laufen. Achten Sie aber auch dann darauf, ihn per Signal zu stoppen, wenn er beginnt, zu galoppieren.

Gehört Ihr Hund zu denen, die schön an Ihrer Seite gehen, dann aber wieder losstürzen, sobald das Signal für Freilauf kommt, nehmen Sie ihn an die kurze Leine ohne ein Bei-Fuß-gehen-Signal. Sie können Ihrem Hund verdeutlichen, dass es keine Übung ist, indem Sie selbst sich für ganz andere Dinge als ihn interessieren. Bleiben Sie mal an einem Baum stehen, hocken Sie sich kurz an den Rand und tun Sie alles, um keine Bei-Fuß-Übung daraus zu machen. Damit Ihr Hund beim Leinelösen nicht wieder losstürzt, lösen Sie diese nicht in einer deutlichen Aktion, sondern eher nebenbei.

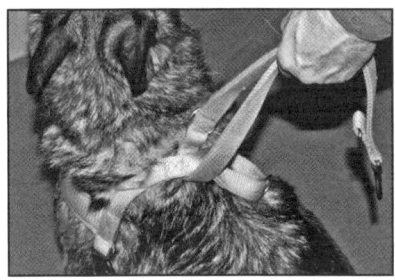

Dafür können Sie zuvor die Leine einfach unter dem Geschirr Ihres Hundes durchziehen, so dass Sie beide Leinenenden in der Hand haben, wenn Sie laufen. Darf Ihr Hund wieder freilaufen, lassen Sie einfach ein Leinenende los, so dass es durch das Geschirr rutscht und Ihr Hund wieder frei ist.

Lassen Sie Ihren Hund anfangs länger an der Leine. Ist er ruhig, darf er freilaufen, beginnt er zu oft zu galoppieren, nehmen Sie ihn wieder für kurze Zeit an die Leine.

Einige dieser Hunde rasen vor allem auch deshalb, weil sie nicht gelernt haben, etwas anderes zu tun. Diesen Hunden können Sie helfen, indem Sie Ihnen etwas anderes zeigen. Das beginnt mit kleinen Übungen, die Sie immer wieder anbieten können. Dadurch bleibt ihr Hund in der Nähe und nimmt immer mal wieder Kontakt zu Ihnen auf. Passen Sie jedoch auf, dass Sie ihn dadurch nicht zum Arbeitsjunkie machen und er ständig in Hab-acht-Stellung ist.

Sie können auch immer mal wieder ein paar Leckerchen am Wegesrand verteilen. Ihr Hund wird beim Suchen nicht galoppieren. Er lernt so, am Rand zu schnüffeln, und wird dabei auch andere Gerüche entdecken, die ihn vielleicht interessieren. Sinnvoll ist auch, wenn Sie nicht täglich tatsächlich spazieren gehen, sondern beispielsweise zu einer Hundewiese gehen. Dort darf Ihr Hund auch laufen und mit anderen spielen (solange es Pausen zwischendrin gibt), muss aber auf dem Weg hin und zurück ruhig laufen. Diese Treffen sollten nicht täglich stattfinden, sondern sich mit normalen ruhigen Spaziergängen abwechseln.

Und wenn es gar nicht klappt:

Dann beginnen Sie nur mit kurzen Sequenzen ruhigen Gehens und belohnen Ihren Hund dafür ausführlich. Nehmen Sie hierfür eine besondere Haltevorrichtung, ein besonderes Geschirr zum Beispiel. An diesem wird fünf Minuten ruhiges Gehen geübt. Mit Stoppsignal, ruhigem Schnüffeln am Rand und ruhigem Reden. Merken Sie, dass Ihr Hund nicht mehr kann, lassen Sie ihn rennen. Dehnen Sie die Zeit, in der er ruhig laufen muss, immer weiter aus, bis er länger Schritt läuft, als er galoppiert.

Eine weitere Möglichkeit ist, das Schrittlaufen unter Signal zu setzen. Dafür nehmen Sie Ihren Hund an die kurze Leine, rennen ein Stück mit ihm und werden dann langsamer. Sobald er beginnt, selbst die Leine zu lockern und langsamer zu laufen, clicken Sie das an und belohnen es. Wiederholen Sie die Übung mehrmals hintereinander. Spielt ihr Hund mit, geben Sie nun das Signal für »Langsam», kurz bevor Ihr Hund langsamer wird.

Nach und nach fügen Sie das Signal nun auch in Ihre Spaziergänge ein, wenn Sie nicht zusammen mit Ihrem Hund laufen, sondern er allein galoppiert und langsamer wird. Anfangs geben Sie das Signal, wenn er sowieso langsamer wird. Später geben Sie es, wenn er gerade schnell läuft, damit er langsamer wird.

Die Schleppleine bietet dem Hund einen größeren Radius, in dem er lernen kann, langsam zu laufen. Schleppleinen dürfen aufgrund des Verletzungsrisikos nur am Geschirr befestigt werden.

7.5 Sichtreize aushalten

Impulskontrolle ist gerade beim Antijagdtraining ein großes Thema. Nirgendwo anders löst ein äußerer Reiz eine so starke impulsive Reaktion aus. Das gilt für fast jeden Hund, auch wenn die Reize sehr verschieden sein können. Sie reichen von fliehenden Rehen über fauchende Katzen bis zu fliegenden Leckerchen, Bälle und andere sich entfernende Objekte. Impulskontrolle bedeutet hier, dem Reiz zu widerstehen und erst einmal abzuwarten.

Verhalten:

Der Hund rast scheinbar ohne nachzudenken dem sich entfernenden Objekt hinterher und gefährdet dabei oft sich selbst und andere. Er ist nicht ansprechbar und sieht nichts anderes als den Reiz.

Management:

Vorausschauendes Spazierengehen. Das übt sich meist von allein, wenn der Hund mehrmals weg war. Natürlich sind die Flexileine oder die Schleppleine hier das Managementhilfsmittel der Wahl.

Ziel:

Als Ziel gibt es mehrere Möglichkeiten. Der Hund kann auf Signal zurückkommen, gegenkonditioniert werden oder vorstehen. Alle Wege sind im Buch »Antijagdtraining« (siehe Literaturliste im Anhang) ausführlich erläutert. Da es hier um Impulskontrolle geht, beschäftigen wir uns mit dem Innehalten, wenn ein Reiz erscheint.

Training:

Beginnen Sie das Training mit Reizen, die Sie gut kontrollieren und gleichzeitig als Belohnung einsetzen können. Fliegende Bälle und Leckerchen eignen sich dafür. Nehmen Sie Ihren Hund an eine längere-Leine und lassen Sie ihn locker neben sich stehen.

Übung: Sichtreize aushalten

1 Nehmen Sie Ihren Hund an eine Leine und lassen Sie ihn locker neben sich stehen.

2 Werfen Sie den Ball mehrmals so, dass Ihr Hund diesen erreichen kann und kurz mit ihm spielen kann, ohne dass sich die Leine strafft.

3 Nun nehmen Sie den Hund erneut in die Ausgangsposition locker neben sich, halten Sie die Leine aber kürzer, so dass er beim nächsten Wurf nicht bis zum Ball kommt.

4 Geben Sie nun ein neues Signal wie »Jetzt nicht!« und werfen Sie den Ball weit genug weg, dass Ihr Hund ihn bei straffer Leine nicht erreicht.

5 Halten Sie, ohne etwas zu sagen, die Leine fest, wenn Ihr Hund dem Ball hinterher möchte.

6 Warten Sie, bis Ihr Hund nicht mehr versucht, den Ball zu erreichen, und die Leine locker ist.

7 Sobald er an lockerer Leine steht, clicken Sie und laufen mit ihm zusammen zum Ball. Er darf kurz damit spielen.

8 Wiederholen Sie diese Übung mit Signal erneut.

9 Wechseln Sie zwischen Werfen ohne Signal (der Hund darf den Ball erreichen) und Werfen mit Signal (der Hund kommt erst zum Ball, wenn er locker steht).

Sie können das ruhige Stehen mit ruhigen lobenden Worten verlängern, bevor Sie gemeinsam zum Ball laufen. Nach mehreren Versuchen, über mehrere Tage verteilt, sollte Ihr Hund ohne Loszulaufen warten, wenn er das »Jetzt nicht« Signal hört.

Beginnen Sie nun, dieses Signal auch in anderen Situationen einzusetzen. Zuerst immer kontrolliert und mit Leine, später auch in Situationen, die Sie nicht kontrollieren können.

Variieren Sie in diesem Schritt die Belohnung. Manchmal bekommt er, was er möchte, manchmal bekommt er einen zweiten Ball in die andere Richtung geworfen.

Und wenn es gar nicht klappt:

Überlegen Sie sich noch einfachere Reize für Ihren Hund. Es geht anfangs darum, Sie im Handling zu schulen. Deshalb muss Ihr Hund nicht heftig reagieren, um zu üben. Oft reicht schon der volle Futternapf, der ohne Worte runter gestellt werden soll.

Bleibt Ihr Hund auch nach zwei Minuten nicht locker an der Leine stehen, sondern versucht, nach vorn zu gelangen, nehmen Sie ihn am Geschirr und probieren es von weiter weg noch einmal.

Dieses Training lässt sich in viele Alltagssituationen einbauen. Beim Öffnen der Tür, bei der Gabe von Leckerchen, beim Lösen der Leine, wenn ein Hundekumpel kommt (erst lösen, wenn der Hund ruhig steht, egal wo er hinschaut).

Auch spielende Kinder lösen beim Hund oft unerwünschtes Spiel- oder gar Beutefangverhalten aus. Neben dem Stehen an lockerer Leine kommt hier auch die Gewöhnung und das Training des Ruhesignals zum Tragen.

7.6 Hundebegegnungen

Begegnungen mit anderen Hunden können bei sehr impulsiven Hunden zur Qual werden. Entweder will er hinstürzen, um den Hund überschwänglichst zu begrüßen, oder er reißt einem den Arm aus, weil er den anderen auffressen will.

Beides ist für den Besitzer anstrengend und oft peinlich. Häufig resultiert das eine aus dem anderen. Hunde, die unbedingt spielen wollen und schnell frustriert sind, halten es nicht aus, angeleint zu sein und nicht an den anderen Hund heranzukommen. Daraus kann sich eine Frustaggression entwickeln. Ein Hund, der vormals nur nett sein wollte, hat nun den anderen Hund als Auslöser für seinen Frust erkannt.

Mit einem guten Training kann hier aber viel getan werden.

Verhalten:

Der angeleinte Hund sieht einen herannahenden Artgenossen und beginnt zu kläffen sowie sich in die Leine zu hängen. Je näher der andere Hund kommt, desto mehr rastet der eigene Hund aus und man muss alle Kraft aufwenden, um ihn zu halten.

Management:

Erste Hilfsmittel der Wahl sind hier die Leine und das Halti. Lassen Sie sich die Anwendung des Haltis gut erläutern, damit es Ihnen tatsächlich hilft und Ihrem Hund nicht schadet.

Dann kann auch die Futtertube zum Einsatz kommen. Sobald der Hund den anderen Hund sieht, wird ihm die Futtertube vor die Nase gehalten und er wird am anderen Hund in möglichst großem Abstand vorbeigeführt. Gleichzeitig erreichen Sie dadurch eine Gegenkonditionierung, die Ihr Training unterstützen wird.

Wenn Ihr Hund ein Signal für das Anschauen kennt, können Sie auch das zusammen mit dem »Bei-Fuß«-Signal benutzen. Ihr Hund schaut dann, neben Ihnen gehend, nur auf Sie und vermeidet so den auslösenden Reiz.

Verwechseln Sie hier jedoch nicht Management mit Lösung! Hat Ihr Hund gelernt, nur Sie anzuschauen und macht daher kein Theater mehr, heißt das nicht, dass er mit dem Anblick des anderen Hundes zurechtkommt. Er weicht diesem nur aus. Kommen Sie in dieser Situation dem anderen Hund zu nah und Ihr Hund bemerkt, wie nah der andere ist, kann es zu einem überraschenden Übergriff kommen, der die Problematik verschlimmert.

Eine weitere Managementmaßnahme ist das Tragen eines Gegenstandes. Hunde, die Bälle extrem lieben, konzentrieren sich oft so sehr auf den Ball, dass sie alles drumherum ausblenden können. Auch das kann man sich als Management zunutze machen. Wichtig ist jedoch auch hier zu wissen, dass der Hund nicht lernt, mit der Situation umzugehen, sondern nur, sie zu meiden.

Ziel:

Ziel ist es, dass Ihr Hund beim Erblicken des anderen Hundes Sie ansehen kann. Er soll aber auch immer wieder zum anderen Hund hinsehen können und dabei ruhig bleiben. Er lernt, die Situation einzuschätzen und damit klarzukommen. Als Zwischenziel kann ein bestimmtes gut trainiertes Verhalten helfen, die Aufmerksamkeit des Hundes zu teilen. Beispielsweise kann Ihr Hund lernen, Sie anzustupsen, wenn ein anderer Hund kommt, sich zwischen Ihre Beine zu stellen oder ähnliches.

Training

Je nachdem, welches Verhalten Ihr Hund genau zeigt, gliedert sich Ihr Training in verschiedene Teilaufgaben.

Übung: Fremde Hunde in Entfernung aushalten können

1 Nehmen Sie Ihren Hund an die Leine und halten Sie diese immer so locker wie möglich.

2 Lassen Sie nun einen anderen Hund in angemessener Entfernung auftauchen. Dieser soll mit seinem Besitzer stehenbleiben und zu Beginn des Trainings Ihren Hund möglichst nicht beachten.

3 Clicken Sie in dem Moment, indem Ihr Hund den anderen sieht. Am besten, bevor Ihr Hund sich aufregt.

4 Dreht er sich um, werfen Sie einige Leckerchen hinter sich auf den Boden und fordern ihn auf, diese zu suchen.

5 Sobald er wieder zum anderen Hund hinsieht, clicken Sie erneut und werfen Leckerchen auf den Boden.

6 Wiederholen Sie das so oft, bis Ihr Hund kein Interesse an dem anderen Hund mehr hat.

7 Reagiert Ihr Hund nicht auf den Click und wirft sich in die Leine, ziehen Sie ihn wenige Zentimeter zurück und lockern die Leine sofort wieder.

8 Wiederholen Sie das so oft, bis Ihr Hund selbst steht, statt sich von der Leine halten zu lassen. Dabei clicken Sie immer wieder in dem Moment, in dem Ihr Hund für kurze Zeit selbst steht und den Hund sieht. Werfen Sie nach dem Click Futter zwischen seine Vorderbeine. Werfen Sie möglichst von oben an seiner Schnauze vorbei, so dass Ihr Hund animiert wird, nach unten zu sehen.

9 Wiederholen Sie das mehrmals am Tag über mehrere Tage hinweg.

Haben Sie Schwierigkeiten beim Koordinieren, lassen Sie ihren Hund von einer zweiten Person halten oder binden Sie ihn an. Sie können dann die Leine zwar nicht aktiv lockern, aber Sie können sich ein wenig nach hinten weg vom Hund entfernen, was häufig dazu führt, dass Ihr Hund zu Ihnen schaut und Sie clicken können.

Achten Sie darauf, immer hinter dem Hund, möglichst weit weg am Ende der Leine und außerhalb seines Sichtfeldes zu stehen. Funktioniert das gut, verändern Sie die Entfernung und wechseln Sie die Hunde, die Ihr Hund sieht.

Bleiben Sie immer ruhig, sagen Sie nichts außer einem ruhigen und leisen »Brav!«, wenn Ihr Hund ruhig bleibt, und lassen Sie sich die Zeit, die Ihr Hund braucht, um sich abzuregen.

1 Beginnen Sie wie oben und clicken Sie in dem Moment, in dem Ihr Hund den anderen sieht.

2 Geben Sie das Leckerchen während des Laufens aus Ihrer Hand bzw. lassen Sie ihn drei Sekunden an der Tube lecken.

3 Wiederholen Sie das, sobald Ihr Hund wieder zum Hund sieht.

4 Reagiert Ihr Hund gut auf den Click, warten Sie nun und lassen Ihren Hund länger hinschauen. Dreht er sich von selbst zu Ihnen um, clicken Sie das und belohnen es fürstlich.

5 Merken Sie, dass er sich nicht selbst wegdrehen kann, sprechen Sie ihn leise mit seinem Namen und der Aufforderung »Schau mal!« an und belohnen, wenn er sie befolgt.

6 Schafft er das noch nicht, clicken Sie weiterhin das Hinsehen zum anderen Hund.

7 Sollte Ihr Hund sich aufregen, bleiben Sie und das andere Hundeteam sofort Stehen, versuchen die Leine wie oben zu lockern und warten ab, bis Ihr Hund sich wieder beruhigt hat und die Leine locker ist. Üben Sie kurz, wie oben beschrieben.

8 Funktioniert alles gut, erhöhen Sie den Schwierigkeitsgrad. Üben Sie an anderen Hunden, in geringerer Entfernung, mit etwas mehr Aufregung, bis Ihr Hund an anderen bellenden Hunden vorbeigehen kann, Sie anschaut, die anderen Hunde anschaut und ruhig bleibt.

Die Entfernung, in der Ihr Hund sich gerade noch nicht aufregt, ist Ihre Übungsentfernung! Je nachdem, was Ihr Hund möchte, kann er dann auch den anderen Hund nett begrüßen, um dann gleich ruhig weiterzugehen. Lassen Sie nie sofort ein stürmisches Spiel zu, sondern gehen Sie erst ein Stückchen mit dem anderen Hund zusammen, bis beide ausreichend entspannt sind, bevor erst der eine Hund, dann der andere Hund zum Spielen freigelassen wird. Ist Ihr Hund nicht gut auf andere Hunde zu sprechen, schließt sich hier zuerst ein weiteres Aggressionstraining an, zu dem es gute Bücher gibt (siehe Literaturliste im Anhang).

Achten Sie darauf, dass sich die Entfernung zwischen den Hunden nicht gravierend verändert, während Ihr Hund nicht hinsieht. Er könnte sonst in eine Situation geraten, mit der er noch nicht umgehen kann. Machen Sie währenddessen lieber einen kleinen Bogen, bleiben aber in Bewegung.

Und wenn es gar nicht klappt:

Lassen Sie sich von einem Trainer beobachten. Vergrößern Sie die Entfernung, nehmen Sie bessere Leckerchen oder lassen Sie Leckerchen bei Bedarf weg, wenn sie Ihren Hund zu sehr aufregen, und belohnen Sie mit ruhigen Streichelbewegungen. Streichen Sie vom Hals bis zur Kruppe des Hundes, wobei Sie sowohl aufstehendes Fell als auch die Rute nach unten streichen und so die Körperhaltung verändern. Nehmen Sie die Hand sofort weg, wenn er bellt, und berühren Sie ihn, wenn er ruhig bleibt.

Suchen Sie häufig Plätze auf, an denen andere Hunde von weitem zu sehen sind, und machen Sie dort mit Ihrem Hund solange Pause, bis er sich etwas beruhigt hat. Sie können dann über Gewöhnung an den Anblick anderer Hunde zum Ziel gelangen.

Futter ist ein Verstärker und sollte nur dann zur Ablenkung eingesetzt werden, wenn Sie managen müssen. Er bekommt Futter also nur, wenn Sie zuvor etwas geclickt haben. Ihr Hund muss lernen, mit der Situation umzugehen statt sie durch Fressen oder Wegsehen zu vermeiden.

Zusammenfassung Kapitel 7: Problemtraining

Egal, was Sie trainieren wollen: Sie müssen Ihr positiv formuliertes Ziel kennen; Sie brauchen einen Ausweg und Sie müssen wollen.
Dann hilft Ihnen eine allgemeingültige Vorgehensweise Ihre Vorhaben in die Tat umzusetzen:

1. *Beschreiben Sie emotionslos, wie das zu ändernden Verhalten aussieht.*

2. *Überlegen Sie, wie Sie Situationen, die das Verhalten auslösen, aus dem Weg gehen können.*

3. *Definieren Sie das erwünschte Verhalten genau wie möglich und zerlegen Sie es in Zwischenziele.*

4. *Beginnen Sie mit Trainingsplan zu trainieren.*

Wenn Sie es schaffen, sich emotionslos sich nur auf das zu ändernde Verhalten zu konzentrieren, werden Sie schneller erfolgreich sein und mehr Zeit haben, sich liebevoll um Ihren Hund zu kümmern.

Abnormal repetitives Verhalten

»Das ist alles was wir tun können: Immer wieder von neuem anfangen - immer wieder und wieder.«

(Thornton Wilder)

8. Abnormal repetitives Verhalten

Stereotypien und Zwangshandlungen sind Erkrankungen, bei denen die Impulskontrolle stark gestört ist. Der Hund kann mit seinem Tun nicht aufhören, selbst wenn er wollte, die Schmerzempfindlichkeit ist oft herabgesetzt.

Man unterscheidet heute in Anlehnung an die Humanmedizin zwischen Stereotypie und Zwangshandlung und fasst beide unter dem Oberbegriff Abnormal Repetitives Verhalten (ARV) zusammen.

Hiermit sind Verhaltensweisen gemeint, die sich unangemessen häufig wiederholen, übertrieben und unangemessen gezeigt werden, maladaptiv sind (also dem Hund eher schaden als nützen).

Im Gegensatz zur Stereotypie hat die Zwangshandlung ein erkennbares, wenn auch nicht immer sinnvolles Ziel. Das Verhalten, um zu diesem Ziel zu kommen, kann jedoch durchaus variabel sein. Das Jagen von Lichtreflexen ist ein häufig sichtbares Zwangsverhalten. Wie der Hund versucht, die Lichtpunkte zu fangen, ist kann jedoch von Mal zu Mal verschieden sein, weshalb es häufig mit Freude und Spiel verwechselt wird. Ein weiteres Beispiel ist das zwanghafte Ballspielen bis zum Umfallen.

Stereotypie bezeichnet eine abnorme, sich gleichförmig wiederholende motorische Aktion, die jedoch ohne sichtbares Ziel und der Situation nicht angepasst ist. Bekanntes Beispiel hierfür ist das Auf- und Ablaufen von Zwingerhunden und das Jagen des eigenen Schwanzes.

ARVs lassen sich unterteilen in:

- Lokomotorisch: Kreiseln, Lichtreflexe jagen

- Oral: Pfotenlecken, übertriebenes Fressen

- Aggressiv: Autoaggression oder Aggression gegen unsichtbare Gegner

- Vokal: rhythmisches und/oder permanentes Bellen

Viele der im vorderen Buchteil beschriebenen Verhaltensweisen können unter die Definition einer Zwangshandlung fallen, bei denen Veränderungen im Dopamin- und Serotoninhaushalt des präfrontalen Cortex sichtbar sind.

Stereotypien wiederum betreffen vor allem die Neurotransmitter in den Basalganglien.

In den letzten 30 Jahren gab es zu Stereopien nur ca. 60 bis 70 veröffentlichte Untersuchungen an Tieren, die in der Regel bloß beschreibend waren. Experimentelle Untersuchungen oder Studien zu Ursache und Heilung gibt es erst in den letzten Jahren. Vor allem die Uni Gießen mit Tierärztin Patricia Kaulfuss untersucht diese Vorgänge zurzeit intensiv. Ihre Doktorarbeit ist im Sommer 2011 erschienen.

Die gängigsten Ursachen für das Auftreten wurden ebenfalls weiter vorn besprochen und gelten ebenso für Stereotypien.

Stereotypien entstehen, wenn das Lebewesen bei zu großen Stresssituationen keine Bewältigungsstrategien mehr hat. Es werden phylogenetische Notfallprogramme aktiviert. Das Tier zieht sich aus der aktiven Bewältigung der Situation zurück, es findet keine Interaktion mehr mit der Umwelt statt.

Durch das Ausführen der stereotypen Aktionen kommt der Körper wieder zur Ruhe und es wird eine Lösung vorgegaukelt. Dadurch werden diese Verhaltensprogramme zur Bewältigungsstrategie und mit den Erregungsmustern verknüpft. Die emotionale Erregung aus dem limbischen System ist nun nicht mehr aktiv kontrollierbar und kann sich in einer ständig auftretenden Stereotypie manifestieren.

Aber auch verschiedenste Krankheiten wie Tollwut, Staupe, Tetanus und durch Zecken übertragene Erkrankungen wie Borreliose etc. können zu Veränderungen im Nervensystem führen, die Stereotypien (und anderes) auslösen. Bei plötzlich auftretenden Verhaltensveränderungen sind daher der Besuch beim Tierarzt und eine Blutuntersuchung zum Ausschluss der gängigsten Erkrankungen wie auch die Abklärung beim Physiotherapeuten zum Ausschluss von Skeletterkrankungen die ersten Maßnahmen der Therapie.

Oft ist auch Unter- oder Fehlbeschäftigung Auslöser für stereotype Verhaltensweisen. Dazu führen vor allem eine Isolation der Tiere und/oder stressige Situationen ohne Rückzugsmöglichkeiten.

Stereotypien sind meist nicht mehr vollständig zu therapieren. In Studien konnte gezeigt werden, dass pathologische Stereotypien nicht allein durch eine Verbesserung der Lebensumstände geheilt werden können.

Eine enge Zusammenarbeit mit einem verhaltenstherapeutisch ausgebildeten Tierarzt, der zur Verhaltenstherapie auch ein entsprechendes Medikament verschreiben kann, ist hier Voraussetzung für die Chance auf Heilung.

Bisher vertretene Auffassungen, dass es sich um ein reines Suchtgeschehen handelt, können aufgrund verschiedener Studien nicht mehr gestützt werden. Die Ausschüttung von Endorphinen (körpereigene Drogen mit schmerzhemmender und beruhigender Wirkung, Glückshormone) können eine Rolle im Geschehen spielen. Sie sind allerdings nachgewiesenermaßen nicht die alleinige Ursache für das Auftreten von ARVs.

8.1 Therapie

Ob es sich um eine Stercotypie handelt, lässt sich nur durch Ausschluss anderer Ursachen herausfinden. Ist der Hund körperlich (Skelett und Organe) gesund, konnte auch durch eine Verbesserung der Lebensbedingungen keine Verbesserung erzielt werden und haben vernünftige Trainingsmaßnahmen keinen Effekt, sollte auch eine medikamentöse Behandlung in Betracht gezogen werden.

Da stereotype Verhaltensweisen von vielen Dingen abhängig sind, ist es nicht hilfreich, hier jedes Verhalten mit einer möglichen Therapieform zu erläutern. Eine erfolgversprechende komplette Behandlung ist nur mit Hilfe eines geeigneten Trainers und Tierarztes möglich. Es gibt jedoch grundsätzliche Therapieansätze, die jeder Besitzer zu Hause durchführen kann.

Einiges davon überschneidet sich mit weiter vorn beschriebenen Lösungsansätzen und wird hier nicht doppelt dargestellt.

Auslöser erkennen

Häufig muss der Auslöser zuvor erst einmal erkannt werden. Schreiben Sie dafür ein Problemtagebuch. Halten Sie fest, zu welcher Tageszeit das Problem auftritt, was der Hund kurz vorher getan hat, was Sie kurz vorher getan haben, welche Geräusche, Gerüche zu bemerken waren, wie warm oder kalt es war, hell oder dunkel, und alles, was Ihnen sonst noch einfällt. So haben Sie die Chance, Gesetzmäßigkeiten zu finden, die eine Rolle spielen können. Lassen Sie sich möglichst auch von anderen Personen beobachten, da diese oftmals einen unvoreingenommen Blick haben.

Eine Verhaltenstherapie können Sie erst starten, wenn Sie den Auslöser für das entsprechende Verhalten gefunden haben.

Auslöser vermeiden (wenn möglich)

Reagiert der Hund auf bestimmte Auslöser, sollten diese vermieden werden, solange man nicht direkt mit ihnen arbeitet (wenn das überhaupt möglich ist).

Dazu gehört etwa, dass Hunde, die auf am Haus vorbeifahrende Autos reagieren, keinen Zugang zu Fenstern haben dürfen.

Lichtreflexe müssen bei den entsprechenden Hunden vermieden werden. Das können neben dem Laserpointer auch reflektierende Dinge wie CDs, Besteck, Haarklammern und Metallfutterschüsseln sein. Wassertropfen jagende Hunde werden nicht in Badeseen gelassen, und der Ball bleibt zu Hause.

Jedes Mal, wenn der Hund das problematische Verhalten zeigt, wird es fester im Kopf verankert und intensiver gezeigt. Leider generalisieren sich einige dieser Verhaltensweisen auch schnell, weil der Hund lernt, sich damit Erleichterung zu verschaffen, indem er sich beispielsweise einer Situation entzieht.

Verbesserung der Lebensbedingungen

Hierzu gehören vor allem:

Abwechslung erhöhen bei ungenügend ausgelasteten Hunden

Das erreicht man zum Beispiel durch Kauspielzeuge wie befüllbare Hartgummispielzeuge, in Kartons und alten Handtüchern oder im Zwinger versteckten Leckerchen, Schweineohren, Ochsenziemer und Co.

Denkspiele, bei denen der Hund durch Drehen, Drücken, Ziehen und Schieben an sein Futter kommt, vertreiben die Langeweile ebenso wie eine anregende Umwelt mit verschiedenen Untergründen im Zwinger, unterschiedlichen Höhen durch Steine, Plattformen u. ä. oder auch Reizen wie große aufgehängte Tücher oder geräuschemachende Gerätschaften (etwa aufgehängte Dosen).

Tauschen Sie diese Dinge auch häufiger mal aus, ist die Lebensqualität des Hundes schon verbessert worden.

Wohnungshunde freuen sich auch über neue Gassirunden und neue Hundebekanntschaften, und natürlich lernen alle Hunde gern mit ihrem Menschen neue Tricks und Sportarten.

Abwechslung verringern bei gestressten Hunden

Bei Hunden, die zu schnell in Stress verfallen, die täglich die Hundeschule besuchen oder anderweitig Probleme mit dem Tagespensum zeigen, muss dagegen die Abwechslung reduziert werden. Alltagsroutine verschafft dem Hund die Sicherheit, die oftmals fehlt, und etwas weniger Hundeschule verbessert das Gelernte an den anderen Tagen oft enorm. Regelmäßige Ruhepausen schaffen Denkpausen zum Lernen und ermöglichen eine Normalisierung des Stoffwechsels.

Rückzugsmöglichkeiten schaffen

Bieten Sie Ihrem Hund die Möglichkeit, sich in stressigen Situationen in eine sichere Zone zurückzuziehen, und üben Sie das mit ihm. Eine sichere Zone kann ein dunkler ruhiger Ort wie die Hundebox sein, die von drei Seiten verschlossen ist, oder auch ein Verhalten, dass der Hund gut und gerne ausführt.

Zwischen den Beinen empfinden Hunde oftmals eine Sicherheit, die ihnen hilft, eine Situation zu meistern.

Verhalten unterbrechen

In jedem Fall sollten Sie das beginnende Zwangsverhalten unterbrechen. Je nach Möglichkeit rufen Sie Ihren Hund ab, unterbrechen sein Tun manuell durch Festhalten oder Wegführen oder versuchen, ihn abzulenken.

Helfen kann dabei eine Hausleine, an der Sie ihren Hund schnell und gut zu fassen bekommen, um ihn zu kontrollieren.

Exkurs: Hausleine

Eine Hausleine ist eine ca. zwei bis drei Meter lange Schnur ohne Schlaufe, die am Geschirr oder Halsband des Hundes befestigt ist und die er 24 Stunden lang tragen kann, ohne dass sie ihn stört. Wenn Ihr Hund Probleme damit hat, sich anfassen zu lassen, können Sie die Leine zwei Meter neben ihm ruhig aufnehmen und haben ihn so sicher unter Kontrolle, ohne das Problem zu verschärfen. Nehmen Sie die Leine immer ganz am Ende auf und hocken Sie sich dabei seitlich zum Hund hin.

Reagiert Ihr Hund auf Unterbrechungen aggressiv, überlegen Sie, wie Sie durch Ablenkungen oder andere konditionierte Reize (Klappern der Futterschüssel, Holen der Leine zum Spazierengehen oder im Notfall auch der Click des Clickers) das Verhalten stoppen können.

Neigt Ihr Hund zu aggressiven Reaktionen, suchen Sie so schnell wie möglich einen Verhaltenstherapeuten auf.

Umkonditionierung

Die Umkonditionierung ist ein Versuch, Ihrem Hund zu helfen, ein anderes Verhalten zu zeigen als zuvor und dadurch besser mit der Situation umzugehen. Löste beispielsweise eine größere Anzahl von Hunden so viel Stress aus, dass ihr Hund begann zu kreiseln, bieten Sie ihm nun ein neues Verhalten an, welches der Hund gern ausführt.

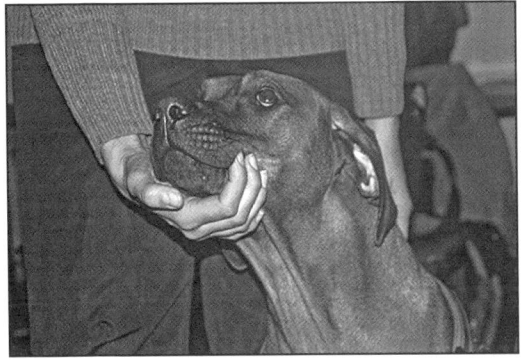

Sicherheitssignale haben oft mit Körperkontakt zu tun.
Die Schnauze auf der Hand kontrolliert den Hund, schafft aber auch Sicherheit bei ihm.

Übung: Umkonditionierung bei Stress mit vielen Hunden

1 Trainieren Sie mit Ihrem Hund ein sehr beliebtes und gut sitzendes Verhalten auf Signal ein, beispielsweise das Legen des Kopfes auf Ihre Hand.

2 Gestalten Sie eine Situation so, dass Ihr Hund noch ansprechbar ist. Vielleicht sind die Hunde noch weit weg oder nicht sehr verspielt und ruhig.

3 Geben Sie das Signal für das neue Verhalten.

4 Sobald der Hund es ausführt, lassen Sie die anderen Hunde mit deren Besitzer verschwinden und belohnen Ihren Hund sehr gut. Nehmen Sie eine Belohnung, die dem Hund sehr wichtig ist, wie sein Ball oder besonderes Futter.

5 Erhöhen Sie langsam die Schwierigkeit, in der der Hund das Verhalten zeigen soll. Jedoch immer so geringfügig, dass er es ausführen kann.

6 Führt Ihr Hund das Verhalten regelmäßig und gut abrufbar in einfachen Situationen mit anderen Hunden aus, reduzieren Sie die Lautstärke Ihres Wortsignals oder warten einen Moment länger ab, bevor Sie das Signal geben.

7 Wendet der Hund sich zu Ihnen um, um auf das Signal zu warten, oder auch, um das neue Verhalten selbständig auszuführen, belohnen Sie ihn fürstlich.

8 Reduzieren Sie das Signal weiter in Situationen, in denen Ihr Hund es sichtlich nicht mehr benötigt. Achten Sie jedoch darauf, wann Sie das Signal als Hilfe noch geben müssen und wann Sie abwarten können, ob Ihr Hund selbst auf die neue Alternative kommt.

Damit die Umkonditionierung erfolgreich ist, muss die folgende Belohnung dem Hund sehr wichtig sein. Außerdem darf der Reiz, in diesem Fall die anderen Hunde, möglichst nie außerhalb dieser Situation zu sehen sein.

Gegenkonditionierung

Bei einer Gegenkonditionierung wird die Emotion des Hundes verändert. Man nutzt es vor allem in Situationen mit aggressivem Verhalten. Die zuvor negative Emotion bei Ansicht des Auslösers (beispielsweise ein anderer Hund) wird überlagert mit einer neuen Emotion wie Freude. Erreicht wird dies, wenn etwas Schönes geschieht, sobald der Auslöser erscheint.

Bsp: Jedes Mal, wenn der Hund einen anderen Hund sieht, bekommt er Leberwurst aus der Tube. Das Auftauchen des anderen Hundes wird so zum Auslöser für Leberwurst statt für aggressives Verhalten. Der Hund beginnt die Wurst zu erwarten und kann dann weiter trainiert werden.

Die praktische Umsetzung wurde weiter vorn schon beschrieben.

Entspannungsignal

Ein gut antrainiertes Entspannungssignal wie weiter vorn besprochen kann eine große Hilfe sein, um problematisches Verhalten gar nicht erst auftreten zu lassen. Es kann dem Hund helfen, die Stresssituation frühzeitig zu entschärfen und einem alternativen Verhalten eine Chance zu geben.

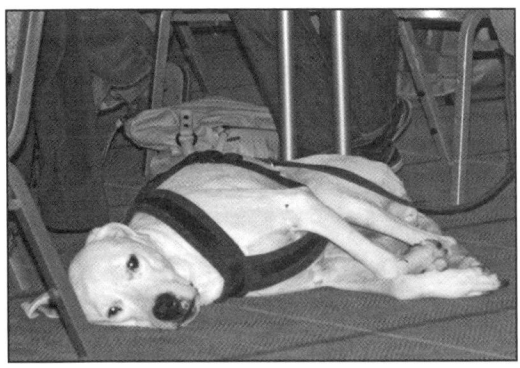

Entspannen ist das A und O. Es ermöglicht Gedächtnisbildung,
Informationsverarbeitung und die Chance, überall mit hingenommen zu werden.

Zusammenfassung Kapitel 8: Abnormal repetitives Verhalten

Stereotypien und Zwangsverhaltensweisen sind definierte Erkrankungen. Häufig helfen hier reine Verhaltenstherapien nicht. Dennoch können Auslöser dieser Verhaltensweisen erkannt und entfernt werden und somit den Weg freimachen, aus dem Teufelskreis wieder herauszukommen.

Es ist normal, verschieden zu sein

»Der größte Ruhm im Leben liegt nicht darin, nie zu fallen, sondern jedes Mal wieder aufzustehen.«

(Nelson Mandela)

9. Es ist normal, verschieden zu sein

Jedes Lebewesen ist individuell. Es wurde von verschiedenen Umweltbedingungen geprägt und hat individuelle Erfahrungen gemacht. Es ist ein Individuum mit all seinen Stärken und Schwächen. Häufig zielen Trainingsvorgaben darauf ab, dass der Hund sich benimmt wie alle anderen. Er wird zu oft noch in ein Schema gepresst, in das er vielleicht gar nicht hineingehört.

Muss jeder Hund lernen, Fahrstuhl zu fahren, wenn er auf dem platten Land lebt? Sicherlich sind bestimmte Trainingsdinge präventiv sinnvoll, um möglicherweise auftretende Situationen zu entschärfen, etwa das Maulkorbtraining. Dennoch möchte ich Sie ermutigen, Ihren Hund so zu sehen, wie er ist. Jeder hat vor dem Hundekauf ein Bild vor Augen, wie er seinen Begleiter gerne hätte. Kommt nun ein völlig anderer Hund, ist man enttäuscht und beginnt vielleicht zu trainieren und zu therapieren. Ist das nicht erfolgreich, schadet es nicht nur dem Hund, sondern auch Ihnen selbst. Denken Sie deshalb immer auch daran, dass Ihr Tier zwar rechtlich gesehen Ihr Eigentum ist, aber dennoch ein Lebewesen mit eigenen Vorlieben und Abneigungen. Versuchen Sie, diese zu erkennen und zu nutzen, und versuchen Sie, Ihren Hund so zu verstehen, wie er ist, statt ihn zu verbiegen. Jeder Hund, jedes Lebewesen hat Stärken, die es zu finden und zu fördern gilt. Konzentrieren Sie sich auf diese und haben Sie Freude an und mit Ihrem Hund!

Das soll kein Plädoyer für unerzogene, aggressive Hunde sein, sondern ein Plädoyer für Individualismus und die Bandbreite an Möglichkeiten. Nutzen Sie, was da ist, statt zu suchen, was nicht da ist!

Trainingsplan

»Wer keinen neuen Anfang wagt, dem bleibt nur das alte Ende.«

(Peter Hohl)

10. Trainingsplan

Wenn Sie nach dem Lesen des Buches nun ratlos dasitzen und nicht wissen, wie Sie starten sollen, ist das verständlich. Der Begriff Impulskontrolle umfasst einfach zu viele Komponenten, kann alles und nichts bedeuten und kann für Sie und Ihren Hund eine Rolle spielen oder nicht. Manchmal braucht es nur eine gute Hundeschule, um grundlegende Probleme zu lösen. Manchmal sind es nur ein oder zwei Übungen, die konsequent durchgeführt zu einer Lösung des Problems führen. Und es gibt Hunde, die zeigen so viele unspezifische Probleme, dass man nicht weiß, wo man beginnen soll.

Um dem Ziel näher zu kommen, ist Vorarbeit von Ihnen gefragt. Aus einem Wust von Problemen kommt man nur heraus, wenn man versucht, die Probleme überschaubar zu bekommen, zu definieren, und zu kategorisieren. Erst wenn man eine Übersicht hat, kann man überlegen, wo man anfangen soll.

In der Regel sind es viele Situationen, die ein Halter eines impulsiven Hundes als problematisch empfindet. Das liegt daran, dass oft das Eine das Andere bedingt. Aber selbst wenn Sie wirklich gut sind, können Sie und Ihr Hund nicht alles gleichzeitig angehen. Sie brauchen eine Prioritätenliste und Sie brauchen einen Anfang. Im Folgenden sollen Ihnen die Vorgaben helfen, einen Überblick über Ihre individuelle Situation zu erhalten. Dann können Sie erkennen, wo Sie starten und nur dann können Sie systematisch beginnen, die Probleme zu lösen.

Am besten ist es, wenn Sie problematisches Verhalten Ihres Hundes filmen, damit Sie später das Verhalten mit dem Verhalten nach mehrwöchigem Training vergleichen können.

Nehmen Sie sich Zeit, suchen Sie sich tolle Belohnungen für sich selbst, damit Sie auch langfristig motiviert sind und starten Sie.

Alle Tabellen des Trainingsplans finden Sie auch kostenlos zum Runterladen auf der Internetseite www.impulskontrolle.eu

10.1 Problemkategorisierung

Oftmals verliert man den Überblick bei der Menge an Problemen, die der Hund zu haben oder zu machen scheint. Der Versuch, die Probleme zu kategorisieren, kann dabei helfen, diesen wieder zu erhalten.

Schreiben Sie in eine Liste, welche ganz speziellen, wiederkehrenden Situationen Ihnen Schwierigkeiten bereiten. Notieren Sie als Erstes jede Verhaltensweise und jede Eigenschaft Ihres Hundes, die Sie als störend oder krankhaft empfinden. Sortieren Sie diese in Verhaltensweisen, die definierte Situationen beschreiben (a) und in Verhaltenseigenschaften, die unspezifisch auftreten (b). Sortieren Sie nach Wichtigkeit.

a)

Definierte Problemsituation	Beschreiben Sie emotionslos das gezeigte Verhalten
Hundebegegnung	Sobald mein Hund einen anderen Hund sieht, beginnt er steif zu werden und zu bellen.
Zuschauen beim Training anderer Hunde	Sobald mein Hund einen anderen Hund üben sieht, beginnt er durchgängig zu bellen.
Menschenbegegnung	Sobald ein fremder Mensch sich meinem Hund weiter als 5 Meter nähert, wird mein Hund steif, bleibt stehen und knurrt mit zurückgelegten Ohren.
Beginn des Spaziergangs	Sobald ich meine Schuhe anziehe, dreht sich mein Hund im Kreis und kläfft.

In eine weitere Liste schreiben Sie unspezifische Verhaltensauffälligkeiten, die Ihren Hund beschreiben, aber scheinbar nicht situationsabhängig sind.

b)

Allgemeine unverständliche Verhaltensweisen	Daraus eventuell erlerntes Problemverhalten
Ständiges Laufen und in Bewegung sein	*Unsicherheit gegenüber dem Menschen aufgrund ständigen Ermahnens und Genervt seins*
Ständiges Fiepen, Winseln ohne sichtbaren Auslöser	*Verstärkung von Aufmerksamkeit heischendem Jaulen, Bellen durch Versuch, zu unterbrechen*
Zurückziehen und Abstand suchen	*Aggression gegen Hunde oder Menschen bei Annäherung*
In die Ecke starren	*Aggression gegenüber Menschen durch den Versuch, zu unterbrechen*
Kot fressen	*Entwicklung Aufmerksamkeit heischenden Verhaltens. Oder: Zunahme von heimlichem Klauen. Oder: Vermehrtes Verschwinden und Stöbern*
Kreiseln bei Stress	*Aggression gegen Menschen durch Versuch, zu unterbrechen*
Panikattacken scheinbar ohne Auslöser	*Unsicherheit, Angstverhalten*

10.2 Problemübersicht

Nun machen Sie für jede problematische Verhaltensweise eine
Übersicht, in der Sie:

- das Verhalten genau definieren,

- überlegen, welche Managementmaßnahmen Sie ergreifen können,

- Ursachen suchen, die beseitigt werden können,

- überlegen, welche Trainingsmöglichkeiten Sie haben.

Verhalten definieren	*Spazieren rasen: Sobald die Leine gelöst ist, rennt der Hund ca. 500 m geradeaus und wieder zurück.*
Management	*Hund bleibt an der Leine.*
Ursachenbeseitigung	*Evtl. auslösende Faktoren meiden: fremde Hunde, langer einsichtiger Weg, viele Menschen, schnelles Laufen, Schimpfen mit dem Hund.*
Trainingsmöglichkeit	*Operante Konditionierung (Signal »Langsam«, Schleppleine), Umkonditionierung (alternatives Verhalten zeigen)*

Verhalten definieren	
Management	
Ursachenbeseitigung	
Trainingsmöglichkeit	

10.3 Zieldefinition

Definieren Sie nun Ihr Ziel für jedes Problem. Beschreiben Sie das Verhalten, welches Sie sich wünschen und definieren Sie Zwischenziele, um das Training erfolgreich werden zu lassen.

		Ziel erreicht?
Das unerwünschte Verhalten	*Spazieren rasen: Sobald die Leine gelöst ist, rennt der Hund ca. 500 m geradeaus und wieder zurück.*	
Das erwünschte Verhalten Was genau soll Ihr Hund statt des benannten Verhaltens tun?	*Er soll im Trab und im Schritt in einem Umkreis von 10 m bei mir laufen.*	
Zwischenziele definieren	*1. Erlernen eines Radius um den Menschen mit der Schleppleine* *2. Erlernen des Signals »Langsam«* *3. kurze Sequenzen langsamen Laufens im 10 m Radius* *4. vorwiegend langsames Laufen im 10 m Radius*	

Tipps:
Trainieren Sie jedes Zwischenziel einzeln, entweder parallel oder nacheinander. Jedes dieser Zwischenziele kann erneut in kleinere Zwischenziele zum Erreichen des Zieles zerlegt werden. Achten Sie darauf, positiv zu formulieren. Richtige Formulierungen: »Er soll …«, »Ich möchte, dass …«. Falsche Formulierungen: » Er soll nicht …«, »Ich will nicht, dass …«

		Ziel erreicht?
Das unerwünschte Verhalten		
Das erwünschte Verhalten Was genau soll Ihr Hund statt des benannten Verhaltens tun?		
Zwischenziele definieren		

Tipps:
Trainieren Sie jedes Zwischenziel einzeln, entweder parallel oder nacheinander. Jedes dieser Zwischenziele kann erneut in kleinere Zwischenziele zum Erreichen des Zieles zerlegt werden. Achten Sie darauf, positiv zu formulieren. Richtige Formulierungs:»Er soll …«, »Ich möchte, dass …«. Falsche Formulierungen:» Er soll nicht …«, »Ich will nicht, dass …«

10.4 Belohnungsliste bzw. positive Konsequenzen

Um erfolgreich trainieren zu können, müssen Sie wissen, wofür Ihr Hund mitarbeitet und wodurch er lernt. Beobachten Sie ihn während eines gesamten Tages auf dem Spaziergang und zu Hause und notieren Sie alles, was er sichtlich gern und freiwillig nimmt bzw. tut. Versuchen Sie, es in eine Reihenfolge von 1. (= besonders toll) bis 12. (= macht auch Spaß) zu sortieren. Sie können nun diese Dinge als Verstärker bzw. Belohnungen nutzen und in ihrer Wertigkeit an das gezeigte Verhalten anpassen. Das heißt: für besonders tolles Verhalten gibt es auch eine tolle Belohnung.

Aufregende Dinge	Ruhige Dinge
Zusammen oder allein rennen	Futter, Spielzeug, Personen suchen
Andere Menschen/Hunde begrüßen	Streicheln, Kuscheln
Ins Wasser springen	Trockenkauartikel kauen
Spielen mit Spielzeug/Reizangel	Befüllbare Spielzeuge leeren
Besondere Leckerchen (Lerberwurst, Käse etc.)	Schnüffeln an verschiedenen Stellen
Den Agiparcours laufen	Einen Trick ausführen dürfen
Mäuse ausbuddeln	In die Hundebox gehen
Futternapf leeren	Auf der Couch liegen
Am Wegesrand stöbern	Sich aus der Situation entfernen dürfen
Zum Gartentor stürmen	Menschenhände lecken

10.5 Verhaltensprotokoll

Um unspezifische Probleme zu lösen, also problematische Verhaltensweisen, die situationsunabhängig sind oder Verhaltensweisen, von denen Sie nicht wissen, warum Sie wann auftreten, schreiben Sie ein Verhaltensprotokoll. Beobachten Sie Ihren Hund für mindestens eine Woche genau und schreiben Sie für jeden Tag auf, wann welches Verhalten wie lange auftritt, was vorher gewesen war und wie es beendet wurde. So erhalten Sie eine Übersicht über die Häufigkeit des Auftretens und es lassen sich eventuell Gemeinsamkeiten entdecken und Ursachen finden. Wenn nun mit einer medikamentösen Therapie begonnen wird, können Sie genau sagen, ob Verbesserungen eintreten, in welchem Zeitraum und in welchem Maße.

Vergessen Sie jedoch nicht, dennoch alternatives Verhalten zu trainieren, denn Medikamente allein reichen nicht aus, um neuronale Vorkommnisse dauerhaft auch nach der Therapie zu ändern.

Nutzen Sie Abkürzungen für das auffällige Verhalten, die Sie zuvor definieren.

Abkürzungen: W. S. = Wand starren / K = Kreiseln

Uhrzeit	Auffälliges Verhalten	Dauer	Was war vorangegangen	Wodurch wurde das Verhalten beendet?	Stärke 1-10
7.30 Uhr	*K*	*15 Sek.*	*Klingeln an der Tür*	*Besuch kam rein, Hund schnüffelt freundlich*	*8*
15.10 Uhr	*W.S.*	*56 Sek.*	*Zweithund wurde rausgerufen*	*Vier Mal abgerufen*	*6*

Uhrzeit	Auffälliges Verhalten	Dauer	Was war vorangegangen	Wodurch wurde das Verhalten beendet?	Stärke 1-10

Und die Prognose?

Genauso groß, wie die Spanne der Probleme bei Störungen der Impulskontrolle ist auch die Möglichkeit, diese Probleme komplett zu lösen oder nur einen Schritt in die richtige Richtung machen zu können.

Trainieren können Sie viel und Sie können für jede Situation ein alternatives Verhalten einüben, dass der Hund ritualisiert zeigt. Die grundlegenden IK-Übungen können zu einer allgemeinen Verbesserung des Verhaltens führen, wenn Sie es schaffen, Ihr Verhalten entsprechend anzupassen. Dennoch werden Hunde, die neuronale Auffälligkeiten haben (die Sie wohl nur aufgrund des Verhaltens erkennen werden) ihr Leben lang problematisch sein. Ebenso wie Menschen mit bipolaren Störungen, Schizophrenie etc. immer damit leben und umgehen müssen, gibt es auch für Ihren Hund weder ein spezielles Training noch ein Medikament, welches das Problem dauerhaft und nicht wiederkehrend löst. Sie können es verdecken, unsichtbar machen, damit umgehen lernen. Vielleicht wird niemand von außerhalb etwas sehen. Dennoch kann es immer wieder auch an anderer Stelle hervorbrechen und Sie müssen dort von Neuem beginnen.

Man darf nicht verschweigen, dass es Hunde gibt, deren Lebensqualität so eingeschränkt sein kann, dass ein Weiterleben auch aus Sicherheitsgründen für den Menschen diskutiert werden muss.

In den meisten Fällen handelt es sich jedoch um leichte Verhaltensprobleme, die mit gutem Training lösbar sind oder Auffälligkeiten, die durch einen veränderten Umgang zu beseitigen sind. Um zu wissen, wie weit man kommen kann, muss man jedoch erst einmal anfangen.

Starten Sie jetzt und machen Sie es sich und auch Ihrem Hund wieder einfacher, miteinander zu leben.

Ich wünsche Ihnen nicht nur viel Erfolg, sondern vor allem auch Spaß am Zusammenarbeiten mit Ihrem Hund. Denn gewöhnlich wird auch Ihr Hund um einiges zufriedener sein, wenn Stressfaktoren wegfallen.

Anhang

Glossar

Aminosäure (= Bausteine des Lebens):
Die proteinogenen Aminosäuren sind die kleinsten Bausteine der Proteine

Amphetamin:
synthetisch hergestellte Droge

Amygdala:
paariges Kerngebiet im limbischen System des Gehirns (Mandelkern)

Arbeitsgedächtnis:
Summe aller momentan aktiven Prozesse, kurzfristige Informationsspeicherung

Blut-Hirn-Schranke:
selektiv durchlässige Schranke zwischen Hirnsubstanz und Blutstrom, die den Stoffaustausch im Gehirn kontrolliert

Botenstoff:
chemische Stoffe, die der Übertragung von Signalen oder Informationen dienen

Brückensignal:
Signal, das die Zeit zwischen dem gezeigten Verhalten und der kommenden Verstärkung überbrückt

Deprivation:
Zustand der Entbehrung, des Entzuges, des Verlustes oder der Isolation von etwas Vertrautem sowie das Gefühl einer Benachteiligung

Emotionale Instabilität:
unvorhersehbare Stimmungswechsel, Handlung ohne Berücksichtigung von Konsequenzen, streitsüchtiges, konfliktsuchendes Verhalten

Emotionale Intelligenz:
Fähigkeit, eigene und fremde Gefühle korrekt wahrzunehmen, zu verstehen und zu beeinflussen

Enzym:
Proteine, die biochemische Reaktionen beeinflussen

Epigenetik:
vererbbare Veränderungen der Genfunktion, die nicht durch Veränderungen der DNA-Sequenz erklärt werden können

Genexpression:
Herstellung von Proteinen aus genetischer Information

Hippocampus:
eine zum limbischen System gehörige Struktur, die vor allem an der Gedächtnisbildung beteiligt ist

Hormon:
biochemischer Botenstoff

Inhibitorisch:
hemmend

Neurohormon:
Botenstoffe, die von den Nervenzellen direkt in die Blutbahn abgegeben werden

Neuroleptika:
Medikament (Antipsychotikum), mit antipsychotischer, sedierender und psychomotorischer Wirkung

Neuron:
auf Erregungsleitung spezialisierte Zelle (Nervenzelle)

Neurotransmitter:
Botenstoffe, die Informationen von einer Nervenzelle zur anderen weitergeben

Phänotyp:
Summe aller Merkmale eines Organismus

Prädisposition:
ererbte, genetisch bedingte Anlage oder Empfänglichkeit für bestimmte Krankheiten, Symptome etc.

Rezeptor:
Proteinkomplex, der bestimmte Teilchen oder Signalmoleküle binden kann

Soziale Intelligenz:
Gesamtheit von Fertigkeiten, die für die Gestaltung sozialer Interaktion nützlich oder notwendig sein können

Substituierung:
Hinzufügen/Ersatz fehlender Stoffe

Synapse:
Kontaktstellen zwischen Nerven- und anderen Zellen; dienen der Erregungsübertragung

Trigger:
Auslöser

Vesikel:
in der Zelle vorhandene Bläschen zur Speicherung, Herstellung oder Freisetzung von Stoffen

Index

Bildnachweis

Quellen / Studien

Adams, Peter B.; et al.: »Arachidonic Acid to Eicosapentaenoic Acid Ratio in Blood Correlates Positively with Clinical Symptoms of Depression«, 1996

Aust, Dr. med. Elisabeth; Hammer, Dr. Dipl.-Psych. Petra-Marina: »Das ADS-Buch«, Oberstebrink-Verlag, 2005

Bosch, Guido; et al.: »Effect of dietary fibre type on physical activity and behavior in kenneled dogs«, 2009

Chechko, Natalya; et al.: »Unstable preforntal response to emotional conflict and activation of lower limbiy structures and brainsterm in remitted panic disorder«, 2009

Clothier, Suzanne: »Understanding and Teaching Self Control«, 1996

DeNapoli et al.: »Effect of dietary protein content and Tryptophan supplementation on dominance aggression, territorial aggression, and hyperactivity in dogs«, 2000

Dillitzer, Natalie; Kölle, Petra; Fritz, Julia: »Ernährungsberatung in der Kleintierpraxis«, Urban & Fischer Verlag/Elsevier GmbH, 2009

Dodman et al: »Effect of dietary protein content on behavior in dogs«, 1996

Döpfner, Frölich, Wolff Metternich: »ADHS«, Hogrefe, 2007

Döpfner, Manfred; Frölich, Jan; Lehmkuhl, Gerd: »Hyperkinetische Störungen«, Gogrefe-Verlag, 2000

Ebert, Prof. Dr. med. Dieter: »Diagnostik und Therapie von Impulskontrollstörungen«, Neurologie & Psychiatrie, 2007; Vol. 9, Nr. 7-8

Fischer, Tom: »Charakterisierung des dopaminergen Systems bei transgenen Ratten einem Antisensekonstrukt gegen die m-RNA der Tryptophanhydroxylase«, Dissertation, 2003

Forunier, Jay; et al.: »Antidepressant Drug Effects and Depression Severity«, 2010

Harms, Sandra Katharina: »Etablierung einer Methode zur Untersuchung der Impulsivität an Ratten: Wirkung von Selegilin und Clomipramin«; Inaugural-Dissertation, 2006

Heinz, Andreas: »Das dopaminerge Verstärkungssystem«, Steinkopff Verlag, 2000

Heiser, Philip: »Das serotoninerge System« Philip Heiser, MWV OHG, 2007

Herpertz, Sabine: »Impulsivität und Persönlichkeit«, W. Kohlhammer GmbH, 2001

Hüther, Gerhard: »Die neurobiologische Verankerung von psychosozialen Erfahrungen«, DVD, Auditorium Netzwerk, 2003

Hüther, Gerhard: »Neurowissenschaft als Grundlage der Psychotherapie?«, DVD, Auditorium Netzwerk, 2004

Huss, Dr. med, Michael: »Medikamente und ADS« Urania, 2002

Karch, Dieter; Moll, Gunther; Hüther, Gerald: »Neurobiologische Grundlagen und Therapie bei ADHS«, Referatszusammenfassung, 2002 Maulbronn

Kaulfuß, Patricia: »Untersuchung zur Klassierung von Abnormal-Repetetiven Verhaltensweisen bei Hunden« Inaugural Dissertation, 2011

Kaulfuß, Patricia: »Zwangsstörungen und Stereotypien beim Hund«, Vortrag zum Wissenschaftlichen Symposium des BHV e.V., 2010

Mason, G; Rushen, J (Editors): »Sterotypic Animal Behaviour«, CABI, 2006

Murgatroyd, Chris; et al.: »Dynamic DNA methylation programs persistent adverse effects of early-life stress«, 2009

Neuhaus, Cordula: »ADHS bei Kindern, Jugendlichen und Erwachsenen« Kohlhammer, 2009

Poulopoulos, Alexandros; et al.: »Neuroligin 2 drives postsynaptic assembly at perisomatic inhibitory synapses through Gephyrin and Collybistin«, 2009

Richardsin, Alexandra; Montgomery, Paul: »The Oxford-Durham Study: A Randomized, Controlled Trial of Dietary Supplementation With Fatty Acids in Children With Developmental Coordination Disorder«, 2005

Roth, Gerhard: »Persönlichkeit, Entscheidung und Verhalten« Klett-Cotta, 2007

Schöning, Dr. med. vet. Barbara: »Erregungskontrolle Basic«, Seminar, 2010

Sendera, Alice; Sendera, Martina: »Skills-Training bei Borderline- und Posttraumatischer Belastungsstörung«, Springer Vienna, 2007

Song, Cai; Zhao, Shannon: »Omega-3 fatty acid eicosapentaenoic acid. A new treatment for psychiatric and neurodegenerative diseases: a review of clinical investigations«, 2007

Zum Weiterlesen

Angelika Bodein
»Mentaltraining für Hundesportler«

Jean Donaldson
»Hunde sind anders – Menschen auch –
So gelingt die problemlose Verständigung
zwischen Mensch und Hund«

Pia Gröning
»Hürdenrennen mit Geruchsunterscheidung –
Scent Hurdle Racing«

Anders Hallgren
»Stress, Angst und Aggression bei Hunden:
Vorbeugen und Abbauen«

James O´Heare
»Das Aggressionsverhalten des Hundes«

Emma Pearson
»Click to calm«

Martin Pietralla
»Mein Clickertraining –
Vom positiven Umgang mit dem Hund«

Viviane Theby
»Verstärker verstehen –
Über den Einsatz von Belohnung im
Hundetraining«

Nicole Wilde
»Der ängstliche Hund: Stress,
Unsicherheit und Angst wirkungsvoll
begegnen«

Nicole Wilde
»Lass mich nicht allein: Strategien gegen
Trennungsangst bei Hunden«

Sabine Winkler
»Fein gemacht! –
Hunde richtig motivieren und belohnen«

Fast alle im Buch aufgeführten Hilfsmittel,
Trainingsmittel, Boxen etc. finden Sie im Onlineshop.

Danksagung

Dieses Buch hat mich lange Zeit gekostet. Zwei Jahre habe ich mit Unterbrechungen daran gesessen und dennoch ist längst nicht alles enthalten, was ich gern darin gehabt hätte. Das Thema ist so umfangreich, weitläufig und interessant, dass man wohl noch einmal so viel schreiben könnte.

Dass es letztendlich beendet wurde, verdanke ich vor allem meinem Mann, der mich unter Druck setzt. Dass es so ist, wie es geworden ist, verdanke ich vor allem meiner Layouterin Cindy Koch. Als Perfektionistin muss sie sich ständig mit mir Pragmatikerin rumschlagen und schafft es dennoch, nett und freundlich zu bleiben. Sie hat einen riesengroßen Anteil am Buch!

Den letzten Schliff hat meine Tochter Yara Lou bewirkt. Sie ist mit dem Down Syndrom geboren und hat mich in die Welt der Neurobiologie aber auf ganz anderer Ebene eingeführt. Gedächtnis, Verarbeitung von Informationen, Lernen, die Genetik, die Epigenetik, der Einfluss unserer Umwelt und von uns selbst, alles spielt eine so viel größere Rolle als man annimmt. Und wir sind erst am Anfang vieler neuer Erkenntnisse bezüglich der Möglichkeiten, die ein Lebewesen hat.

Tierärztin Julia Brinkmann hat mich beim Medikamenten- und Ernährungskapitel unterstützt, vielen Dank dafür! Bert Strebe, der Lektor, hat angesichts der ganzen Rechtschreibfehler nicht aufgegeben, und Heinz Grundel hat uns wieder tolle Cartoons gezeichnet, die das Thema für Sie auflockern sollen.

Vielen Dank auch allen, die für Fotos zur Verfügung gestanden habe und alle Hunde, die mich begleitet und gelehrt haben, ob es nun meine eigenen oder Kundenhunde waren.

Ich freue mich sehr, euch alle zu haben!

Weitere Bücher im MenschHund! Verlag:

Spritzig frischer kleiner Leitfaden zum Lesen und Verschenken.

Ullrich, Ariane
MenschHund! ...warum ziehst du nur so an der Leine?!
ISBN: 978-3-9810821-0-4
8,90 Euro

Spritzig frischer kleiner Leitfaden zum Lesen und Verschenken.

Ullrich, Ariane
MenschHund! ... komm zurück!
ISBN: 978-3-9810821-4-2
12,90 Euro

Ausführliche Aufarbeitung des Themas in Zusammenarbeit mit den Tierärzten der GTVT (Gesellschaft für Tierverhaltenstherapie).

Zimmermann, Beate
Schilddrüse und Verhalten
ISBN: 978-39810821-5-9
29,90 Euro

Nasenarbeit für den Familienhund.

Rehberger, Maria und Schneider, Melanie
Mantrailing für den Familienhund
ISBN: 978-3-9810821-9-7
19,90 Euro

Ein Buch für alle, deren Hunde unkontrolliert jagen gehen.

Gröning, Pia und Ullrich, Ariane
Antijagdtraining – Wie man Hunde vom Jagen abhält
ISBN: 978-3-9810821-2-8
22,90 Euro
/ 54,90 Euro (inkl. DVD)

Das AJT-Buch als Film. Die Übungen zum AJT Buch lebensnah gezeigt. Dauer ca. 125 Minuten.

Pia Gröning
AJT DVD
ISBN: 978-3-9810821-6-6
Preis: 39,95

Leben mit einem blinden Hund.

Egger, Corinne und Illi, Romy
Siehst du es? Leben mit einem blinden Hund
ISBN: 978-3-9810821-9-7
19,90 Euro

Second Hand Hunde verstehen.

Gröning, Pia
Der Tierschutzhund – Starthilfe ins neue Leben
ISBN: 978-3-9816047-0-2
18,90 Euro

Sachkunde nachweisen.

Der Hundeführerschein des DHVE
ISBN: 978-3-9816047-3-3
12,90 Euro

Demnächst:
Das große Dummybuch
von Tina Schnatz

»Wer heute noch nicht verrückt ist, ist einfach nicht informiert.«

(Gabriel Barylli)